U0082341

少年f臉書奇遇記

一位失意少年的校園翻轉學習和社群網路歷險記

康寶——著

推薦序　社群網路世代翻轉學習

趨勢教育基金會董事長暨執行長　陳怡蓁

二〇一七年臉書成立十三年，全球用戶數正式突破二十億，而 Line 在臺更是突破一千八百萬，YouTuber 網路紅人「這群人」訂閱人數更是突破兩百萬人數。這是一個社群網路世代，改變我們溝通方式，行銷方式、媒體傳播方式、更改變了我們生活。我們可以在社群網站上，自戀的發文照片影音分享與網友互動、找到失聯的同學朋友及同事、號召相同興趣的網友做同一件事，更希望在社群網站上得到按讚與認同。社群網路是那麼令人著迷，以致於我們每天手機滑不停，無法戒掉社群網路找回原來的生活方式。

康寶是網路世界的先鋒，因為他在全球頂尖的網路安全公司趨勢科技任職十七年，擔任第一線解決客戶問題的職務。他看盡網路上的正與邪、光明與黑暗，瞭解網路能殺人亦能成人的威力。他曾經是沉迷電玩不可自拔的少年，如今卻以一身功夫投入維護網路安全的正職工作，以及幫助故鄉架設網路、傳播訊息的義工志業。

繼《我的手機女友》以瑰麗的想像力為前導，堅實的科技背景以及豐富的人生經驗為靠山，《少年f臉書奇遇記》更是翻轉教室的學習，以社群網站交友為故事開端、少年的冒險與學習為主軸、父母的關愛為出發點、人工智慧大戰電腦病毒為導火線，故事引人入勝，高潮迭起。擴增實境學習圍棋鋼琴、身歷其境二次元學習方法，讓小朋友像是在玩遊戲的學習；人工智慧大戰電腦病毒，到底最後誰會贏？少年雖然背誦學習有障礙，但透過他獨特的心智理解與追問，進而找到駭客蹤跡，最後能揭開這場人工智慧大戰電腦病毒的謎底。

書中有許多有趣的想像力，像是在臉書問孔子老師學才藝問題、聖誕老公公的禮物到底是誰送的、從 Scratch 程式中找出駭客的蹤跡、直播抓詐騙犯的科技應用、利用電腦挖比特幣、社群網路開同學會、臉書日記等等，啟發青少年朋友，對寫程式的喜愛及科技應用。除此之外，更有許多真實的社會案例，如網購手機變成紅茶、校園電腦遭病毒勒索、社群網路詐騙及隱私外洩等等，讓青少年朋友從中學習記取經驗。

我願意推薦這本書，除了它好看有趣真實之外，也包含了許多未來性。透過資訊安全的校園故事情節，引發許多先進網路科技的應用。比如虛擬實境及擴增實境結合 Google 資源的學習、擴增實境的棒球鬼系統、體感鋼琴實境程式、圍棋佈局分析程式，或許未來

有一天這不再只是遊戲，而是真正的數位教室學習，給予讀者很大的想像空間。

AlphaGo 打敗世界圍棋冠軍柯潔，讓人工智慧再度躍上科技的熱門話題，新一代 AlphaGo Zero，透過迅速自學圍棋三天，學完人類圍棋千年發展的棋路，並以一百比零的戰績完勝 AlphaGo，令人瞠目結舌。如能運用人工智慧巨量數據的深度學習、創造虛擬及擴增實境學習平臺、並結合社群網路教育資源，來讓學生主動自我學習，如國外可汗學院、國內均一教育平臺及 PaGamO 遊戲學習平臺等等，確實是翻轉學習及翻轉教室的好機會。

導讀

人工智慧翻轉教室

嘉義縣義竹鄉過路國小校長 謝桐偉

初見康寶（宏旭），是在過路國小的電腦教室裡，幾個大朋友正帶著小學生將拍好的數位相片進行後製與簡報，原本以為是哪一個愛心團體來做偏鄉服務，一問之下才知道原來康寶是過路國小的校友，每年都會與他志同道合的同事回到母校貢獻所長，義務指導學弟妹攝影的知識與技巧，那一幕學長與學弟妹互動樂學的感人畫面，我永遠都不能忘記。

這幾年康寶雖在外地工作，但心裡面念茲在茲的還是家鄉的一切，他關心社區產業的未來發展、反對設立養雞場破壞家鄉環境，尤其掛念母校學弟妹的學習情況，能做的他親力親為，力有未逮的他將其化為文字，寫出一本本創意十足又發人省思的小說，而我有幸為其導讀，更以康寶這位傑出校友為榮。

《少年 f 臉書奇遇記》突顯出有些小孩學習方法不同，書中以一位有學習障礙的主人翁，利用電腦查詢輔助教材及理解記憶的心智圖，加強視覺、聽覺及口訣的理

解與記憶，來改善他課業學習；以虛擬實境及擴增實境的科技學習，來改善圍棋只背棋譜不理解大局、鋼琴彈奏只背譜無法理解整首曲子情感，值得我們借鏡參考。

主人翁有天跟同學打棒球，一顆界外高飛球破窗掉入教室，他進入教室撿球時，以為球打到插頭鬆脫，於是他把插頭插上，晚上竟然有陌生人在臉書要跟他成為好友。根據教育部一〇六年臺灣中小學學生網路使用行為調查結果，整體學生使用網路的目的以休閒娛樂、拓展維持人際，而拓展維持人際最常使用社群網站。想想看在社群網站跟陌生人結交朋友，是開拓人脈還是隱私外洩呢？值得我們深思。

這位陌生人因為公司派他研究青少年的電玩遊戲，幫他寫圍棋佈局分析遊戲，經過一個半月跟遊戲對戰，在圍棋第三次比賽，終於打敗了對手；主人翁正苦惱校慶要演奏小星星變奏曲，陌生人開發體感鋼琴實境的虛擬眼鏡及智慧手套，改進他學習鋼琴的障礙；互動虛擬實境二次元學習方法，讓他期中考試獲得進步獎；並且在棒球比賽中透過棒球鬼系統轟出全壘打，奇蹟似的贏得了比賽。

同時在這陌生人出現後，同學臉書被駭客利用，讓同學電腦手機中毒而且又散播病毒；同學網購手機遭詐騙，變成兩罐飲料；駭客利用同學帳號，進行網路詐騙及騙取個資；最後進行慘無人道的病毒勒索，曝露出各項資訊安全問題。青少年使用手機網路，已經超乎我們大人想像，我們關心的不只是使用時間而已，更令人擔心的是，青少年身心發展還不完全成熟，警覺性低，使用手機又是那麼頻繁，面對網路詐騙、釣魚網站等網路威脅又具有極高的迷惑性，致使近年來未成年人在網上遭受身心傷害和財產損失的案件不少。

學校謠言傳說住在鬼屋會吃人的鬼婆婆，在主人翁與班長膽大心細下，幸運救出生病的鬼婆婆，在教鬼婆婆使用手機時，意外發現她是第一屆校友，藉助鬼婆婆臉書懷舊畢業照，讓五十週年校慶快速在網路宣傳，找回同學一起參加校慶。這讓我想到過路國小建校至今已九十五週年了，真希望透過臉書把校友找回，一起來慶祝學校百週年。

我想青少年朋友們心中都會有個疑問，為什麼我們小時候要學才藝？書中主人翁竟然在臉書，向孔子老師提問為何他要學圍棋及鋼琴？以及到底聖誕禮物是誰送的？差點把聖誕老公公給考倒。想想看你心中的偉人，如果他們有現代臉書，那他們的臉書大頭貼、個人資料會長怎樣？你會在臉書留言給他們嗎？他們又會回覆你什麼呢？

真是個有趣的想像。

李教授的病毒實驗室跑出一隻病毒，感染全世界許多的電腦成了電腦殭屍，控制發送垃圾病毒郵件，造成電腦手機的檔案被綁架勒索，而學校也被勒索，偵九隊查到源頭是主人翁的電腦，而且陌生人涉有重嫌。駭客故意留下 Scratch 恐嚇程式，讓主人翁追查出他的名字，並且居心叵測要求在臉書貼文，直指這一切是由這位陌生人所策劃，如果貼文得到十萬個讚，就可以拿到解藥及解密金鑰，讓人搞不清楚到底誰是壞人、誰是好人，還是同一人？駭客、陌生人他們的目的到底為何？

沒想到獲得解藥解除危機後，居然找不到駭客及陌生人，只知道一臺人工智慧圍棋電腦是駭客操控源頭，而他們就此消失了。主人翁從臉書意外找到鬼婆婆失聯多年的兒子竟然是李教授，而李教授為了再研究病毒，重新分析圍棋電腦裡的病毒，竟然發現這是一場人工智慧跟電腦病毒的戰爭，到底最後誰會獲勝？

最近圍棋世界冠軍柯潔和 AlphaGo 人工智慧圍棋程式對戰，把人類的智能逼到極限也無法勝出，人工智慧是未來科技革命，對人類到底是機會還是威脅，那我們人類到底要如何學習，才能免於被人工智慧的時代所淘汰呢？萬一人工智慧被病毒所操控，那更是人類的最大危機。

《少年ｆ臉書奇遇記》，不但題材新穎且內容廣泛涉及品德教育、人際關係、翻轉課堂、資訊倫理、資訊安全、人工智慧、創意發想等議題，不只啟發青少年對科技學習想像，也適合所有年齡層來閱讀。

【目錄】

第一章

夢想破窗

風和日麗的星期天上午，就讀小學六年級的幸助與學校同學，到附近一所大學操場打棒球，雖然大家都汗流浹背，但還是興致勃勃的打棒球，目前比賽來到五局下半最後半局，比數來到三比三。

戴著黑框眼鏡身材瘦小的幸助擔任防守三壘，這時輪到志成上場打擊，投手投出一個快速直球，志成大棒一揮竟然落空，投手再投出一個外角好球，被志成打到三壘滾地球，球剛好滾到幸助面前，他接到後快傳一壘，一壘手在壘前封殺了志成，形成了兩人出局，大家都高興的擊掌，只要再一出局至少可以打成平手。

緊接著來到強棒第四棒，身材高大魁梧的小炫打擊，這時防守隊喊著要小心，小炫打擊很強，剛前四局有二分打點，防守隊員都往後退一點。

「怕了吧！這次我要打全壘打，突破平手的僵局。」小炫自傲的說。

投手投出第一球，小炫沒揮棒，是一個內角壞球；投手再投手第二球，小炫依然沒揮棒，被判定外角好球；小炫似乎慎選球來打，這時投手投了一個正中紅心球，被小炫大棒一揮，這球飛得高又快，大家心裡吶喊著全壘打，但球直接越過一壘跑出界外，不幸的偏離了操場後，往旁邊的三樓教室飛去，緊接著聽到玻璃窗破碎的聲音，這時大家都有點害怕，站在原地不動。

「真是掃幸，以為會是全壘打。」小炫說著。

「右外野守怎麼沒去撿球。」一壘守說。

「我不敢去，萬一被人發現……」右外野手說。

「幸助，幫忙一下，你跑得比較快。」小炫喊說著。

幸助原本有點猶豫要不要去撿球，小炫這麼一說大家都看著他，況且沒有球就無法繼續玩下去，只好快速往旁邊的教室跑去，跑到了三樓後，經過一間又一間的教室，突然看到被打破窗戶的教室，這間教室有點陰森，像是好久沒人使用一樣，幸助心想這會不會是一間鬼教室，心裡有點害怕，不過大白天那會有鬼，於是他大口吸了一口氣，壯壯膽子快步走向前去。

幸助走到門邊手握門把，但門鎖住打不開，這時幸助目光遊移到一扇沒鎖好窗戶，他就從這窗戶爬進去，這間教室裡像是擺放各種古老的設備，灰塵積厚在設備上，他左顧右盼尋找球的下落，不一會兒，他看到球落在一個角落邊，臉上不禁露出了笑容並向前走去，仔細一看球的旁邊有一條電線插頭，他心裡想是不是球落下時，把電線插頭也打掉了，於是他把球撿起來，順便把電線插頭插好，電線插頭一插入牆壁的插座，突然「嗶」的一聲，好像有什麼東西啟動了發出了聲響，他嚇了一大跳，趕快拿起球，順著原來爬進來的窗戶爬出去，正想快速跑下樓時，竟然手在窗外被牢牢抓住，一動也不能動，幸助以為被鬼抓到，嚇得大叫一聲，這人也被幸助大叫聲，嚇得往後退一步，以為發生什麼事，此人拍拍胸脯定下心來說：

「小朋友，你在教室裡頭幹什麼？」

這時幸助抬頭一看，原來是一位身穿制服的學校警衛。

「我來撿球。」幸助把手上的棒球，拿給警衛看。

警衛恍然大悟說：

「剛才聽到打破窗戶玻璃，原來是你。」

「不是的，我只是來撿球。」幸助的手被警衛抓住後，有點害怕的說。

「那誰打破的？」

「在操場一起打球的同學，其中有一位打破了，我可以帶你去找他們。」

幸助跟警衛一起走下樓到操場，都沒有看到任何同學在操場，於是警衛說：

「他們人呢？」

「警衛叔叔，我沒騙你，我們剛剛還在打球呢！可是現在人都不見了。」

警衛心想：「找不到打球同伴，搞不好是小朋友自導自演沒有說出實情。」於是他說：

「那你為什麼偷開窗戶爬進去，不來找我？」

「對不起，因為窗戶沒關，我想只是找球而已，進去應該沒問題。」

「小弟弟，這樣不行喔，沒有經過人家同意，就擅自闖進教室來，而且那是研究大樓，有許多珍貴的設備在教室裡，我要請你父母來學校一趟，把你帶回去，並且要賠償打破窗戶的損失。」

幸助只好乖乖跟著警衛叔叔走，到了警衛室，幸助打電話回家，請爸爸媽媽接他

回去，爸爸媽媽問明原因後，當場被罵了一頓，掛完電話後，爸爸媽媽急忙趕到大學的警衛室，跟警衛道歉後，賠了修窗戶的錢後，就回到家裡。在吃中飯時刻，爸爸、媽媽開始嘮叨。

「打破窗戶已是不對的事，還偷開窗戶拿球，簡直是錯到底。」爸爸生氣的說。

「好了啦！又不是他打破窗戶，不過沒有跟警衛叔叔報告，直接偷開窗戶拿球，幸助要檢討。」媽媽也不高興的說。

「我沒有偷開窗戶，窗口本來就開著。」幸助大聲說，之後頭低低的，手握緊拳頭在生悶氣。

「沒人允許，也不能爬窗進去撿球呀！」媽媽又說。

在學校已經說一次，回來又被唸，幸助生氣爸爸媽媽不理解他，但又自己氣自己，不應該爬窗進去，同學又跑光，不跟他共患難。

「從小到大，書也讀不好，學才藝又無疾而終，總該行為舉止要好一點，不然我真不知道如何教你。」爸爸無奈的說。

「不要再講了，幸助，趕快先吃飯，待會兒複習功課。」媽媽急催著說。

就這樣吃完一頓滿肚子氣的午餐後，媽媽開始幫幸助複習國語，坐在椅子上沒有五分鐘，就無法專心，去倒杯水喝，又過不到五分鐘，又去上廁所，好不容易複習完功課後，已經過了兩小時了，這時媽媽考他圈詞，結果十題只答對三題，再考一次有進步答對五題，媽媽也快抓狂了。

「這不是上星期教的嗎?怎麼這星期又錯，而且錯的地方還是一樣。」媽媽有點心灰意冷。

這種日子幸助好像也習慣了，他的頭腦好像調皮的小星星一樣，常常跑來跑去，注意力不集中、語文的組織能力差、常記不起來。複習完功課後，是他的自由時間，他想知道同學為什麼沒等他，於是就上網登入臉書，看同學會不會有人跟他說明，以往同學都在假日上線貼文，怎麼今天安安靜靜的，心情有點落寞，不想打電話給他們，只留訊息給小炫，希望他回訊息。

突然電腦發出提醒的聲音，以為是小炫回訊息，結果查看後，有一位叫狄仁寧要跟他交朋友，大頭貼相片是一個人腦照片，不是人臉的大頭貼，而且竟沒有共同的朋友，是一位陌生人。幸助心想：「這人我又不認識，幹嘛要來跟我交朋友，老師有講

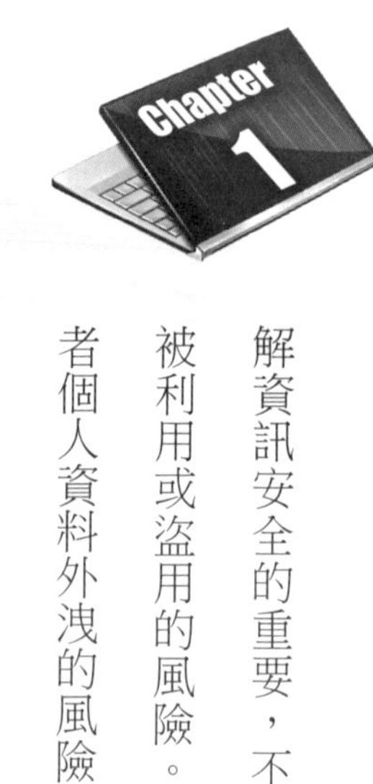

解資訊安全的重要，不要在網路上跟陌生人交朋友或交談，不然個人隱私或帳號會有被利用或盜用的風險。」於是他按下「刪除邀請」交朋友，避免日後不必要的麻煩或者個人資料外洩的風險。

隔天去學校上課時，第一節是社會課，美虹老師在黑板解說宗教的由來，她講課方式很有趣，但幸助不到半節課，心就不知飛到哪邊去，還在想昨天被放鴿子的事，美虹老師看到幸助在發呆，於是叫他起來問：

「幸助，你家是信奉什麼宗教？」

「佛教。」幸助斬釘截鐵回答。

「那佛教，是起源於哪個國家及代表人物是誰？」

「中國，我家都信佛，每天都燒香拜觀世音菩薩。」

同學都笑了出來，有人回答：「是印度，釋迦牟尼佛。」

「大家不要笑，幸助說觀世音菩薩是源自中國，是因為在中國民間影響深遠，但是目前不可考，而佛教發源地是印度，由釋迦牟尼佛所創立，這樣大家清楚嗎？」

下課後幸助迫不及待的去找小炫，剛好小炫跟另一對手在下圍棋，小炫看到幸助後，並沒有理會，還是專心在下棋，大家都圍在旁邊觀看。

「小炫，為什麼昨天你叫我去撿球後，大家不等我，都跑掉了，害我被警衛抓走，賠償修理窗戶，回家又被罵。」幸助氣沖沖的插話。

「幸助，我們以為你也會跑掉，你實在是太笨了。當我們看到警衛來時，大家就一哄而散，不能怪我們。」

這時志成說：「對呀！我們本來想去叫你，但來不及了，警衛直接走上樓去。」

「你們怎麼可以這樣逃跑，不顧同學的情誼。」班長淑英很有正義感，替幸助打抱不平。

「哎喔，女生愛男生，我們班長什麼時候這麼有正義感？」

「你們不覺得你們這樣做太沒有義氣了嗎？」淑英嚴肅的說。

「我們也不是故意先跑。」

「你們欠幸助一個道歉！不道歉的話，我要跟老師說。」

「淑英班長，妳也太好管閒事了。」

小炫被淑英逼得不得不低頭，想了一下又說：

「不然這樣好了，如果幸助圍棋能贏我，我跟他道歉。」

這是小炫的計謀，他知道幸助棋藝不如他，所以要讓幸助知難而退，因為他根本不想道歉。小炫提起比賽這件事，果真讓幸助覺得為難，在口中斷斷續續唸出：

「比．圍．棋．？」

這時，讓他回想一年多前，放棄學圍棋的傷心往事，當時在一場圍棋乙級比賽，從來沒有連勝過的紀錄，沒想到幸助一下場就連勝兩關，爸爸媽媽都很高興，想到他們每星期載他去上課還有補習的錢，代價真的很值得，而幸助自信的微笑更是寫在臉上，沒想到後面三關全敗，大家好像從天堂掉到地獄的感覺，比賽完後坐在車子的幸助一路不語，回到家後，爸爸看到氣餒的幸助，想安慰他說：

「沒關係，我們下次再來。」

「不過這次圍棋比賽，你覺得有學到什麼嗎？」幸助爸爸又說。

「對手都很強。」

「為什麼對手很強？」

「我圍棋沒有天賦，才會輸掉。」

「爸爸覺得不是天賦問題。」

「我的同學都已經初段了，我現在乙級還未過，這不是天賦問題嗎？」

「爸爸覺得不是，你棋譜背不熟，不懂得適時運用，只憑感覺下棋，當然進步的比較慢。」

「就背不起來嘛！」

「如果你肯花時間去學、認真背棋譜，一定可以突破的，不然我們花錢又花時間就浪費了。」

「我不去補習班學圍棋了，浪費你們的錢跟時間。」幸助以為爸爸是在責怪他的意思。

「幸助不要意氣用事，只要你認真學，補習的錢不是問題。」

「我是真的不想去補習班學了。」

「今天圍棋輸了，心情不好，我能夠體會，但你真的不想學了嗎？」

「我想清楚了，我不去補習班學，但我自己自修來學，這樣對大家都好。」

幸助爸爸很無奈，原本是想安慰、鼓勵幸助，找出輸棋的原因去改善，沒想到讓幸助自己覺得沒天賦，又怕跟同學比較，更怕浪費爸爸媽媽的錢，爸爸只好將就答應說：

「好，爸爸尊重你，但你自己一定要在家學習，或找人對戰，等你有信心再去補習學圍棋。」

「嗯，我會的。」

之後，雖然幸助自己有在家學習，但還是得不到要領，所以聽到小炫要跟他比賽，他心想哪可能贏得了小炫，可是又嚥不下這口氣說：

「可是我圍棋比賽乙級就停了，要打敗你初段的棋力，幾乎是不可能的事。」

「對呀！這不公平，小炫你不想道歉就算了，想出比賽圍棋，你還要讓幸助再難・堪・一次嗎？」淑英又抱不平，但心急不小心講錯話。

「什麼是公平？幸助跟我一樣是從幼稚園一起學的，我們還是圍棋補習班同學，實力應該是旗鼓相當，不過念在幸助小五就沒去補習，我們可以比賽三次，第一次可試探彼此的實力，第二次兩個星期後，最後一次再間隔一個月，讓彼此有充分時間準備最關鍵的一戰，只要能贏我一次，我向你道歉，幸助覺得可以嗎？」

「幸助，三次只要贏一次，你佔到便宜，可以跟小炫拼了。」志成湊熱鬧的說。

「對呀！幸助加油！」

幸助在大家的鼓舞下，點燃他想挑戰的心，難道就讓我喜愛的圍棋就到此為止嗎？況且答應爸爸的事都沒做到，可趁著這次比賽，再度證明自己，如果輸了也沒損失，於是他興奮的回覆說：

「嗯，我接受比賽。」

「可是，我還是覺得不公平。」淑英還是替幸助說話。

「妳又不是幸助，他說好就好。」小炫瞪著淑英，覺得淑英很雞婆。

「那今天哪時比賽？」

「打鐵趁熱，就是現在。」

「這麼快？」

「好久沒一起對戰，第一戰先瞭解雙方的實力，知己知彼百戰百勝，先讓你下黑子。」

幸助沒想到第一場比賽這麼快，不過他也想知道他跟小炫的實力到底差多少，再趁著還有兩次的比賽去改進學習，這時兩人旁邊圍著許多同學觀戰，幸助看看棋盤，第一步就下在右上角的星位位置，而隨後小炫白子就下左下角的星位位置，幸助開始把黑子迅速佔地盤，但因他的棋力差小炫一大截，很快被白子圍住吃掉，就這樣幸助維持弱勢的棋局直到最後，整個大半邊都是白子的天下，大家不敢相信小炫竟然可以贏幸助這麼多，在還沒下完時，上課的鐘聲響起，幸助覺得不可能贏，於是棄子投降。

「我輸了！」幸助氣餒的說。

「幸助不錯喔！比我想像的厲害。」小炫取笑幸助說。

「這是誇獎？還是取笑？」淑英又替幸助抱不平。

「當然是誇獎，兩個星期後，我們再比一場吧！」

幸助從原先的興奮心情，到輸棋的垂頭喪氣全都寫在臉上，沒想到他跟小炫的實力差這麼多，要一個半月內兩場比賽贏他一場，除非有奇蹟出現。

夢想破窗

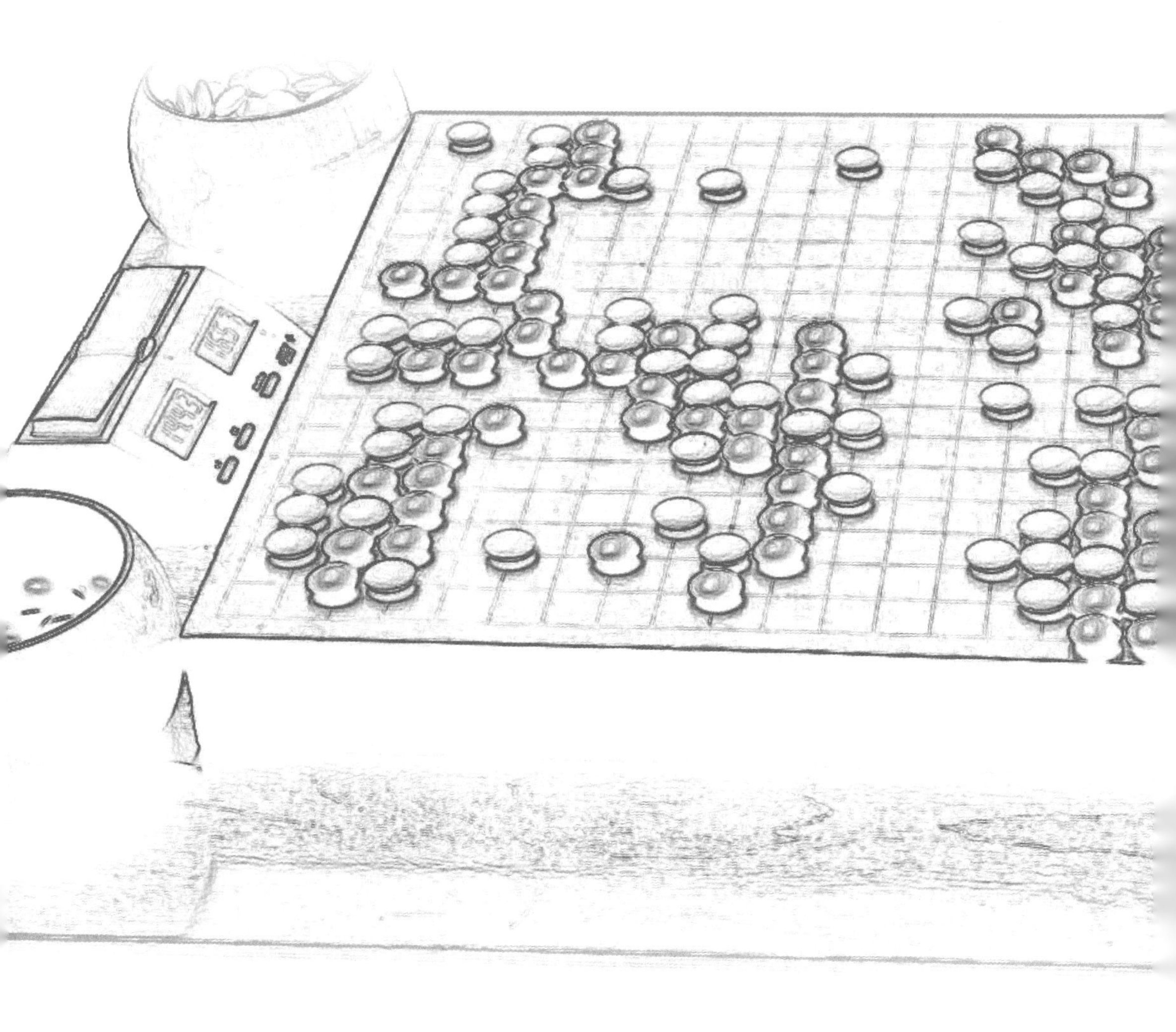

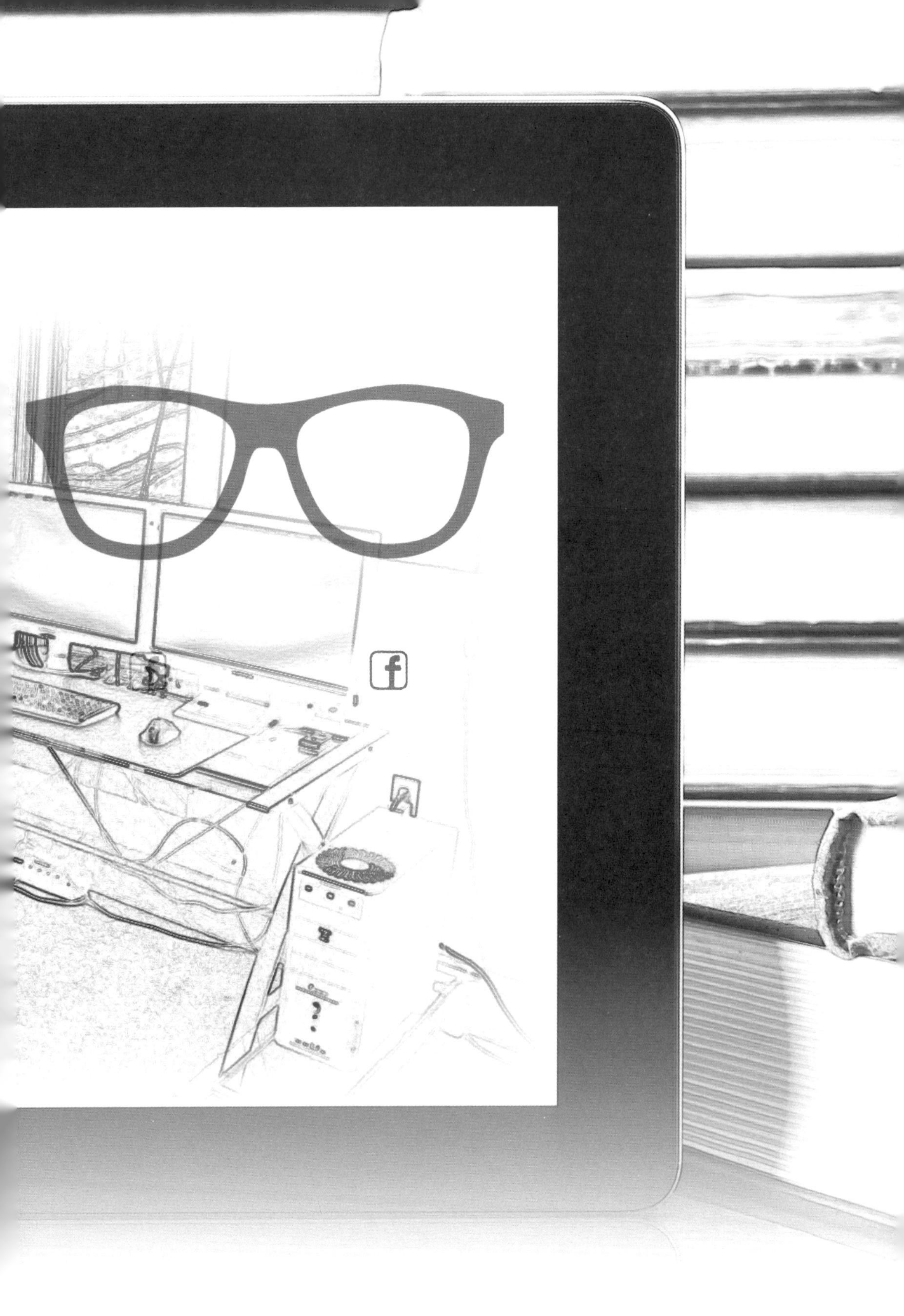

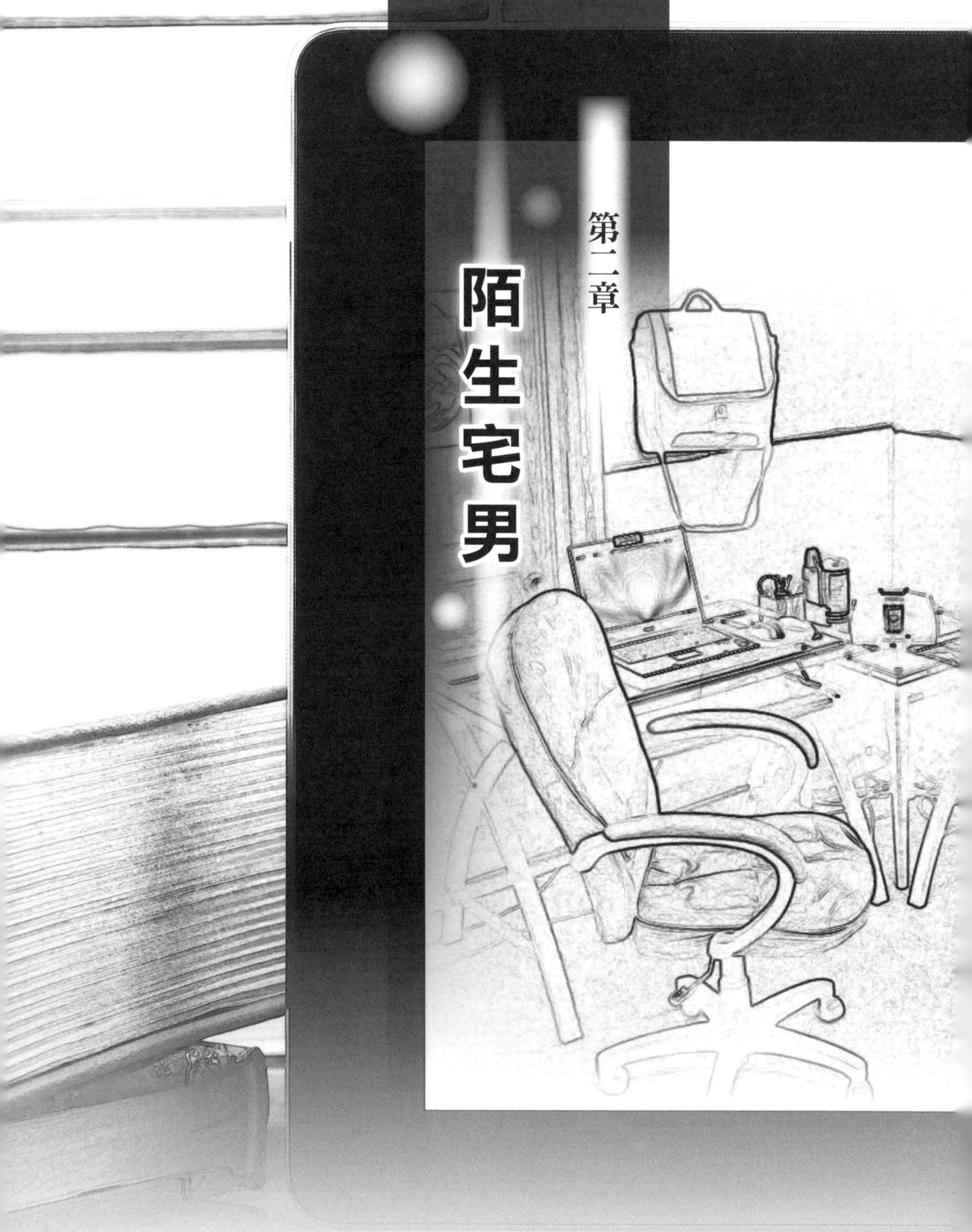

第二章 陌生宅男

幸助失意的回到家後，媽媽幫他檢查功課及明天要考試的範圍，媽媽把數學試卷給他測驗，應用題的文字解說，竟然不是很瞭解外，還算錯兩位數加法，此時媽媽有點不耐煩的說：

「幸助，你到底怎麼了？兩位數加法是三年級數學，現在還經常算錯。」

「還有這題，『媽媽體重68公斤，是爸爸的0.85倍，爸爸的體重多重？』怎麼會用乘的呢？出來的數字，爸爸的體重竟然比媽媽輕？」

「可是，實際上是這樣沒錯呀！」幸助有點無辜的說。

「考不好，還敢頂嘴，我要怎麼教你，你才會懂，把我氣死了。」幸助媽媽臉上表現出又好氣又好笑。

「媽媽，我不想惹您生氣，是不是可以給我一些自由學習的空間。」

「自由學習的意思，是要我放棄教你嗎？」

「不是這樣的。」

「你說，要怎麼做。」

「可不可以像練習圍棋及鋼琴一樣，讓我自己學習，有不懂的，再問爸爸媽媽。」

「可是你圍棋、鋼琴，後來也沒再繼續上課。」

「我自己有練，你們也不用陪我。」

「這樣……你功課會不會愈來愈糟糕。」媽媽擔心的說。

「媽媽給我先試試自修一陣子，我自己會訂定計劃溫習功課，如果沒有好轉，再用您的方法。」幸助自信的說。

幸助媽媽心想也沒什麼好方法，從小教到大，知道幸助的問題，她白天又要上班，晚上教他又是心力交瘁，怕這樣罵他，會破壞親子的感情，他長大了，該是時候放手了。

「好吧！我們試試看，但要給我你的學習計畫表，我每天都會檢查是否有做到，如果期中考沒有進步，我會再用同樣方法教。」

「謝謝媽媽，勾勾手！」說完幸助就跟媽媽勾勾手，媽媽就離開房間。

看到媽媽離開後，幸助讀了一天的書有點累，開啟電腦進入臉書，就看到動態消息中，小炫的貼文：「！94狂！小炫V.S幸助，三場圍棋大戰，第一場—小炫大勝！」

許多同學及他的朋友紛紛給他按讚，有同學及朋友祝他三連勝，但淑英班長留言：「期待被逆轉！」這句話惹得小炫不高興的回覆：「我好期待，放馬過來！」幸助按嗚的哭哭表情符號後，就在底下留言：「雖然實力差小炫太多，但我會努力的。」有同學及朋友來留言打氣說：「加油！」

正想關掉電腦，不想再看到這則貼文時，幸助又收到臉書的交友邀請，出現跟昨天一樣的名字「狄仁寧」，但幸助又拒絕跟他交朋友，就這樣連續幾天，他都會收到「狄仁寧」的交友邀請，而今天還發了訊息給他。

「幸助你好，我叫狄仁寧，不知是否可以交個朋友？」

幸助本來不想理這訊息，但他三番兩次想要交朋友，怕是認識的人錯過了，心想只要回個話就好，不透露任何個人資料。

「我不認識你，你為何要跟我交朋友？」

「是這樣，我先自我介紹，我今年二十四歲，剛好是你一倍的年齡，每天都在跟程式奮鬥，是一位標準的宅男，我們公司要開發新遊戲，要我瞭解十二歲左右的少年喜歡玩什麼的遊戲，由於身邊親友沒有這年紀的青少年，剛好在臉書隨便尋找，看到你的資料符合，才想跟你交朋友。」

「你怎麼會有我的個人資料？」幸助有點被嚇到。

「從你的臉書中得知。」

「我臉書中的年齡不是十二歲，你怎麼得知，我只有十二歲？」

「你百密一疏，在你眾多的貼文分享中，其中有貼文透露出你是小六學生，小六學生通常只有十二歲左右未滿十三歲，無法申請臉書，所以你一定是假造年齡。」

「就算你知道我……可是……我也不敢跟你交朋友。」幸助心想糟了，怎麼這麼不小心就洩漏自己的個人資料。

「不用害怕，我不是壞人。」

「壞人會自己說嗎？」

「哈哈哈，有道理，那要如何你才會跟我在臉書成為朋友呢？」

幸助心想不知哪裡來的陌生人，只說他是開發遊戲的廠商員工，剛好正愁著要跟

小炫比賽圍棋，不知如何打敗他，如果他可以開發圍棋遊戲程式，幫我打敗小炫，或許我就跟他在臉書交朋友，而且不洩漏更隱私的家中電話、住址資料就好，嗯就這麼辦，我應該可以先試探他，萬一發覺不對就直接封鎖他的臉書。

「狄哥哥，那你會下圍棋嗎？」

「哈哈哈！從來沒有人敢問我這句話，跟你說我是圍棋專家，不知道你相不相信，我還曾經打敗過世界棋王。」

「臭屁我不信，但如果你可以教我的話，我才相信你會圍棋。」

「我在臉書有開發一個圍棋遊戲程式，可以對戰看看。」

狄仁寧請幸助下載了他開發的圍棋遊戲程式，幸助就跟電腦對戰起來，狄仁寧透過圍棋程式觀察到幸助，圍棋的基礎不錯，只是他不按牌理出牌，走錯一步後，攻勢就無法持久，而且守的常有漏洞。

「你的基礎不錯，但感覺好像不熟棋譜的攻守法則，所以不按牌理出牌，應該是很少背棋譜。」

「狄哥哥果然是高手，一眼就看出來。棋譜我背不太起來，這已經困擾我好多年了，有補救的方法嗎？」

「其實背棋譜對你們來說太無聊了，但我最喜歡背棋譜。」

「你騙人，哪有人喜歡背棋譜的？」

「哈哈哈，但圍棋實力要強，不在於你背了多少棋譜，如背了多少的定石、手筋和佈局，而是在於如何判斷局勢以及精密計算的能力。」

「所以我要如何才能擁有那樣的能力？」幸助高興的像是找到了方向。

「這必須靠實戰對局的累積才能學得好，背棋譜的效果有限，而且你也背不起來。」

「所以我要多跟同學下棋嗎？」

「跟同學下棋進步有限，主要是不能在下棋當中自我分析局勢，以及下次如何改進，我的圍棋程式會主動提示你定石、手筋及佈局，久而久之，你不用背譜也能知道。」

「太棒了，就樣人家就不會覺得我有問題。」幸助打字太快，說溜了嘴，想刪除這句，但網路交談訊息是無法反悔而刪除的。

「你有問題？」

「嗯，因為……，沒事。」幸助想說他有學習障礙，但話說到一半就吞回去，因為這臉書認識的陌生人，還不能信任他。

「不想說就算了，你有看到我的大頭貼嗎？」

「正想問你，為什麼你臉書大頭貼照片是一個人腦圖案？」

「我另一項專業，是研究人腦如何學習？遇到我算你好運！」

「那我圍棋有救了，你要幫我。」

「我想我大概知道你的問題，我給你新的一套圍棋佈局分析遊戲，有我剛剛說的功能，以及最後各式的棋譜佈局及精密計算講解分析，你試試看這圍棋程式。」

幸助下載後，測了圍棋佈局分析遊戲，清晰的講解棋譜布局與計算分析，對幸助來說瞭解後，感覺就像把棋譜背下來，深入腦海又好像忘記這佈局，在與電腦對戰時，真的可以活用。

「狄哥哥，真的好像變厲害了。」幸助高興的說。

「哈哈哈，看過金庸的武俠小說嗎？你現在腦中早已忘記招式，心中靈活運用招式克敵、武功出奇致勝。」

「好像真的耶！」

正當幸助如火如荼與電腦對戰，戰得難分難解時，突然幸助媽媽在敲門說：

「都快十一點了，要趕快去睡覺。」

幸助聽到媽媽的敲門聲，趕緊把電腦螢幕關掉，假裝在溫習功課，然後說：

「好的，媽媽晚安。」

這時媽媽開門進來，看到幸助在溫習功課，摸摸他的頭說：

「幸助長大了，自己會溫習功課又認真。」

「是媽媽給我主動訂定計畫學習的。」

「明天別起不來，晚安。」

媽媽微笑的走出門後，幸助鬆了一口氣，這時他打開電腦螢幕，聚精會神再與電腦對戰，直到十二點時間不早，才不捨的將電腦關機去睡覺，而幸助在夢中微笑著，像是圍棋連贏好幾盤，真是甜蜜的好夢！

第三章

鬼婆婆

Chapter 3

第三章 鬼婆婆

在小炫的臉書，今天發表一則貼文：「鬼婆婆的家，『鬼屋』！」照片是在夜晚拍的，鬼婆婆正要進入他的家，陰暗的燈光下，鬼婆婆駝著背的背影，就好像巫婆一樣，而她的家又黑漆漆陰森森，像一間沒人住的鬼屋，有夠陰森恐怖。這張照片，引起大家的驚嚇，在臉書中大家都按下「哇」的驚嘆表情符號。

「小炫，當心被鬼婆婆吃掉！」

「我聽說夜晚鬼屋會有小鬼哭的聲音！」

「聽說鬼婆婆是虎姑婆，有小孩不見了，是被她吃掉的。」

「聽說是謠言，小孩不見是被人抱走，跟她無關。」

「真的啦！我上次經過鬼屋，還聽到小鬼吱吱叫的聲音。」

「不要嚇我，我最怕鬼了！」

「小炫好勇敢喔，不怕鬼，竟然敢去鬼屋偷拍！」

小炫心裡得意洋洋，因為這則貼文，短短一個晚上竟然突破百人按讚，讓他作夢也會笑。隔天又到了放學的時間，大家排好路隊，沿著馬路走，到了一個叉路，一位老婆婆在撿拾回收的東西，這位老婆婆很少跟人打交道，偶爾參加村裡的打掃路面活動，因為撿拾五金廢棄物變賣，所以衣服弄得髒兮兮，她又疏於打扮，臉上長滿黑皺紋，大家都叫她鬼婆婆，相傳她跟虎姑婆一樣，趁小孩一不注意就會被她吃掉，而且這幾年都有小孩失蹤，大家都謠傳是她吃掉的，但警察查不出證據來。

駝背的她一面撿拾路上東西，一面慢慢彎著腰拖著車，大家看到她都會嚇著，有些學生很調皮搗蛋，在她背後喊鬼婆婆，就趕緊跑掉，怕被看到抓到，而鬼婆婆對調皮搗蛋的學生，也非常討厭，遇到這樣的情形，就會說：「叫警察來抓你！」

今天又有調皮搗蛋的學生在她背後大喊：「鬼婆婆！」鬼婆婆被嚇一跳，不甘示弱的說：「叫警察來抓你！」調皮的學生都在笑。

這時路隊慢慢的散掉，原本就在鬼婆婆後面的幸助，他想快快的走，快點遠離鬼婆婆，但好死不死，正當他要超過鬼婆婆時，有一輛車正快速的飛奔而來，駕駛沒有

看好視線，正往鬼婆婆的方向駛去，而鬼婆婆面對搗蛋的學生生氣而分心，沒有注意到車。

「小心！」大家大聲喊著。

鬼婆婆聽到後，馬上往右靠，而幸助也靠右閃，但鬼婆婆的車為了閃躲，在不平的道路上，遇到一個小顛簸，整個拖車翻覆下去，東西都散落一地，而駕駛不但沒有停下來查看，而且加速呼嘯駛走。

路上只剩少數人，幸助看到鬼婆婆的拖車翻覆下去，鬼婆婆也被拖車絆倒，摔到地上坐著，還好沒大礙，鬼婆婆自行站起來，看看手腳的傷勢，用手拍拍褲子說：「真害，少年駛家緊，攏沒捌看路！」（臺語）

幸助剛好在鬼婆婆旁邊，他看看左右無人，許多人都站在遠處觀望，他心想怎麼這麼倒楣，原本也想跑掉的，但既然遇到總是要關心鬼婆婆，於是他走向前說：「阿婆，妳還好嗎？」

鬼婆婆說：「不要緊，小小擦傷而已。」

幸助默默的幫鬼婆婆，把散落在車外的東西放回車上，其他的人好像在看好戲，都是冷眼旁觀，此後兩人不說一句話，很認真在整理掉下的東西，這時聽到手機拍照咔嚓一聲，不知是哪個人在偷拍非常缺德，過了一會兒，看熱鬧的人覺得無趣就鳥獸散，而鬼婆婆有時偷看幸助，感到很欣慰，竟然有人願意來幫她，覺得幸助跟其他學生不同。

「你不怕我嗎？」鬼婆婆突然說這句話。

幸助確實害怕，但是還是硬著頭皮點點頭，不知道這是表示害怕或者不害怕，不一會兒也整理好拖車上的東西，這時鬼婆婆又說：

「多謝你的幫忙，要來我家坐坐嗎？請你喝飲料。」

鬼婆婆臉上露出慈祥的笑容，跟平常嚴肅的臉很不一樣，但幸助還是搖頭說：「不要，我要回家了。」

眼前鬼婆婆是那樣慈祥，不過還是抵不過謠言的可怕，幸助心想：「去她家喝飲料，萬一被她吃了怎麼辦？」

說完話，他就趕緊跟鬼婆婆揮手說再見，鬼婆婆也微笑跟他揮揮手說再見，幸助看到鬼婆婆微笑的，不知怎麼搞的，心裡就是覺得怪怪的，會不會下一秒變臉，於是

頭也不回的快跑回家了。

回到家中，迫不及待打開電腦，進入圍棋遊戲與電腦對戰，玩了幾回合後，媽媽敲門進去，但這次幸助來不及掩護，被媽媽看到在玩電腦圍棋。

「不要一直玩電腦，趕快寫作業、複習功課，九點半睡覺前會檢查，你有沒有確實按照計畫念書。」

「好啦！媽媽不要催我。」

「你說你可以自習，媽媽也是相信你，可是你現在回來一直玩電腦，叫我怎麼相信你。」

「我知道啦！媽媽，不要一直再唸我。」

「我是為你好，你想想看，你學習的狀況不會比其他同學好，要加倍努力才可以趕上。」

幸助一邊生氣媽媽的不信任，一邊心不甘情不願的拿起課本及作業，開始寫作業與複習功課直到吃晚飯，吃完晚飯後，他趁媽媽忙著洗碗打掃時，又打開電腦登入臉書後，看到狄仁寧也正在線上，於是打字說：

「在忙嗎？」

「唉唷，換你找我，我正在練功。」

「在打電玩遊戲嗎？」

「我的練功，不是你想的遊戲練功，是可以賺錢的，以後有機會再跟你說。」

「爸爸媽媽真討厭，知道我學習狀況不好，常常提醒我，好嘮叨。」

「我跟你相反，我爸爸媽媽都不理我，我現在孤單一人。」

「我也很認真，但是就是達不到效果，有時真的很討厭自己。」

「嗯，從你圍棋的學習狀況，看得出來你一定有努力學習，但達不到預期效果，除非用我給你的圍棋佈局分析程式。」

「知道你圍棋程式的厲害！」

「想請問你，如果你明明知道你比別人努力，但圍棋始終贏不了人，為何你還想學呢？」狄仁寧有點好奇的問。

「難道自己喜歡的才藝，一定要比別人厲害，難道不能樂在其中，自己和自己比

嗎？」

狄仁寧突然被這句話給愣住了，佩服幸助的勇氣，一時說不出話來，過了一會兒說：

「憑你這句話，除了圍棋外，還有什麼你喜歡，但還是比人家差的？我的意思是，還有什麼我可以幫你嗎？」

這句話問到幸助心中的痛處，他回想起國小四年暑假時，鋼琴結業成果發表會上，幸助演奏一曲莫札特的土耳其進行曲，他很認真的練習，但無奈琴譜及彈奏的音樂性細節有時會忘記，就一直錯下去。

在結業式當天，輪到他演奏，A段彈的相當好，手指俐落、節奏輕俏，臺下的家長及小朋友都沉醉在他的鋼琴旋律中；進入B段時手指不靈巧，輕快的節奏下音有點糊掉，大家都替他捏把冷汗；在C段時因為忘譜，停留了十秒後，八度音又站不起來，最後在大家的掌聲鼓勵下，結束他的鋼琴演奏，但幸助走下臺時，有如一顆洩氣的皮球，頭也抬不起來，回到家裡，他跟媽媽說：

「媽媽，我不上鋼琴團體班了。」

「不要受今天演奏的影響，圍棋已經不去補習班學，現在又不想上鋼琴團體班，你要不要多想想，幾天後再告訴媽媽你的決定。」

「我好認真的彈奏，但怎麼會表現成這樣。」幸助有點挫折的說。

「媽媽陪你練琴時，每次請你練習哈農音階及指法，你總是記得今天的指法，明天又忘了，要不然就是隨興的彈，造成手的動作大，換音時手指跳來跳去，無法迅速展開彈奏，音就卡卡的，一直無法練好。這是媽媽的觀察，不要以為我是在罵你，彈鋼琴不是認真就好，要用對方法，而且真的要改。」幸助媽媽苦口婆心的說。

「媽，我知道了啦！」

「你看同班的同學，人家彈得多順暢，真正詮釋一首歌的精髓，媽媽是多麼希望你在臺上演奏，很有自信、很有情感，把一首曲子彈奏好。」

「反正我不想去上課了。」幸助有點不耐煩的說。

「媽媽希望你再考慮幾天，再做決定，好嗎？」

「我已經決定好了，自己在家練習找方法，等到音階、指法熟練，再去音樂教室學習。」

「真的不再考慮嗎？」

「嗯，我自己在家練習。」

「只要你肯練，相信你在家練習也會進步的，媽媽有空也會聽聽你的彈奏，彈不好的地方，看看能不能立即改進。」媽媽也心疼幸助，不想勉強他去鋼琴團體班。

「媽媽，一言為定喔！」

幸助想著這件事，一直耿耿於懷，就忘了回覆。

「你還在線嗎？這麼久不回答？」狄仁寧催促著。

「對不起，對不起。」

「你怎麼了？」

「老實跟你說，我不是只有圍棋會這樣，鋼琴也是這樣的學習狀況，可是鋼琴無法做成遊戲，你幫不了我的。」

「如果我可以把學鋼琴，變成一種輔助教學，就像是遊戲，相反的，我可以幫你改進學習，這也是我工作範圍之一喔！」

「真的嗎？」幸助露出渴望的表情。

「除了學習鋼琴及圍棋有這樣的問題，還有其他的嗎？」

幸助一聽，其實很想告訴他自己有學習障礙，但又不好意思說，只好婉轉跟他說：

「還有閱讀書本的組織能力、理解力不強；還有上課不是很專心……，但我心地善良。」

「哈哈哈，心地善良，真是夠了。我瞭解你的學習問題了，反正都是研究如何學習，我會想辦法把它變成輔助教學或遊戲，你有看到我的大頭貼嗎？是一個大腦，表示我研究大腦學習。」

「如果真的可以改進我學習，我鐵定在臉書交你這位朋友。」

「我確定你頭腦沒有問題，這麼會談條件。」

「狄哥哥，不要開玩笑了，就幫幫我吧！」

「哈哈哈，你有近視戴眼鏡嗎？」狄仁寧大笑後說。

「有呀！你想幹什麼？」

「把它拍照給我，並量一下尺寸給我，還有你手的大小，還有你家電話、住址，我要寄東西過去。」

「不行，我不能透露我家住址、電話給你，萬一你是壞人的話。」

「說的也是，那麼給我你家附近的便利商店，我寄到那邊，你再去拿。」

「好呀，請寄到龍鳳國小旁的便利商店，可是我很好奇，到底是什麼東西？」

「三天之後，你會收到包裹，到時候你就會知道。」

「這麼保密？」

「沒什麼，收到再跟你說，但不能跟任何人說，因為這是我們公司針對青少年開發的學習祕密武器，還沒有在市場上市，你一定要保密喔！」

「沒問題，那我也要跟你說一個祕密，不能跟別人說喔！」

「洗耳恭聽。」狄仁寧好奇想知道。

「我要跟我同學比賽圍棋，一個月內三戰，他是有初段實力，而我只有丙級的實力，我只要贏其中一戰，他會向我道歉，但我已經輸了一戰，只剩最後兩戰。」

「哈哈哈，我以為什麼祕密呢？難怪會問我會不會圍棋，請我幫你，要挑戰初段的實力在一個半月內，簡直像天方夜譚，要不要換個腦袋比較快？」

「你給我記住！」

「換我再告訴你一個祕密，我為什麼叫狄仁寧？」狄仁寧有點衝動，想跟幸助說出他真正的身分。

「這哪是祕密，一定是你爸爸媽媽幫你取的好名字。」

「其實我是唐朝少年神探狄仁傑的弟弟。」不過狄仁寧好像想到什麼事，又忍住不說出他真正的身分。

「所以你也是神探囉？這笑話一點也不好笑。」

「這是腦筋急轉彎，怕你圍棋比賽壓力太大，講個冷笑話給你聽，不好笑也要笑喔！」

正當狄仁寧在跟幸助開玩笑時，幸助看到臉書動態上有顯示，貼文為「鬼臉婆婆的孫子—幸助？」把他幫忙鬼婆婆因車子翻覆，而幫忙撿東西到車上的照片貼文在臉書上，引起大家的討論，也吸引許多人好奇按「哇」表情符號。

A留言：「我早就在懷疑，幸助是鬼婆婆的孫子，真的有點像呢！」

B留言：「真恐怖，沒想到鬼婆婆的臉是長這樣，有點像虎姑婆。」

C留言：「媽呀！幸助會不會是失蹤的小孩變的？」

D留言：「搞不好，不久後，幸助會被吃掉，然後失蹤。」

淑英留言：「沒有經過幸助的證實，不能亂說話，這樣是散播謠言。」並按「怒」的表情符號。

小炫回覆：「好囉嗦的班長，又來了。」

幸助回覆：「是我幫忙鬼婆婆搬東西，因為她的車子翻覆了，東西撒了一地，我不是鬼婆婆的孫子。」

淑英回覆：「看吧！幸助多有愛心。」

小炫回覆：「好啦！算我不對，但我沒有惡意，只是覺得好可怕。」

A回覆：「現在再看一次，幸助跟鬼婆婆不像。」

B回覆：「有時看鬼婆婆，就像我阿嬤一樣慈祥。」

C回覆：「聽警察叔叔說，鬼婆婆是清白的，沒有抓過小孩。」

D回覆：「我也覺得是如此。」

淑英回覆：「喂，怎麼大家都是鍵盤辦案，真是牆頭草！」

在幸助的留言澄清後，意外翻轉大家的言論，像是一則未經證實的假新聞，這時小炫自知理虧，所以心不甘情不願刪除了這貼文，不過他正等待下一次的翻轉。

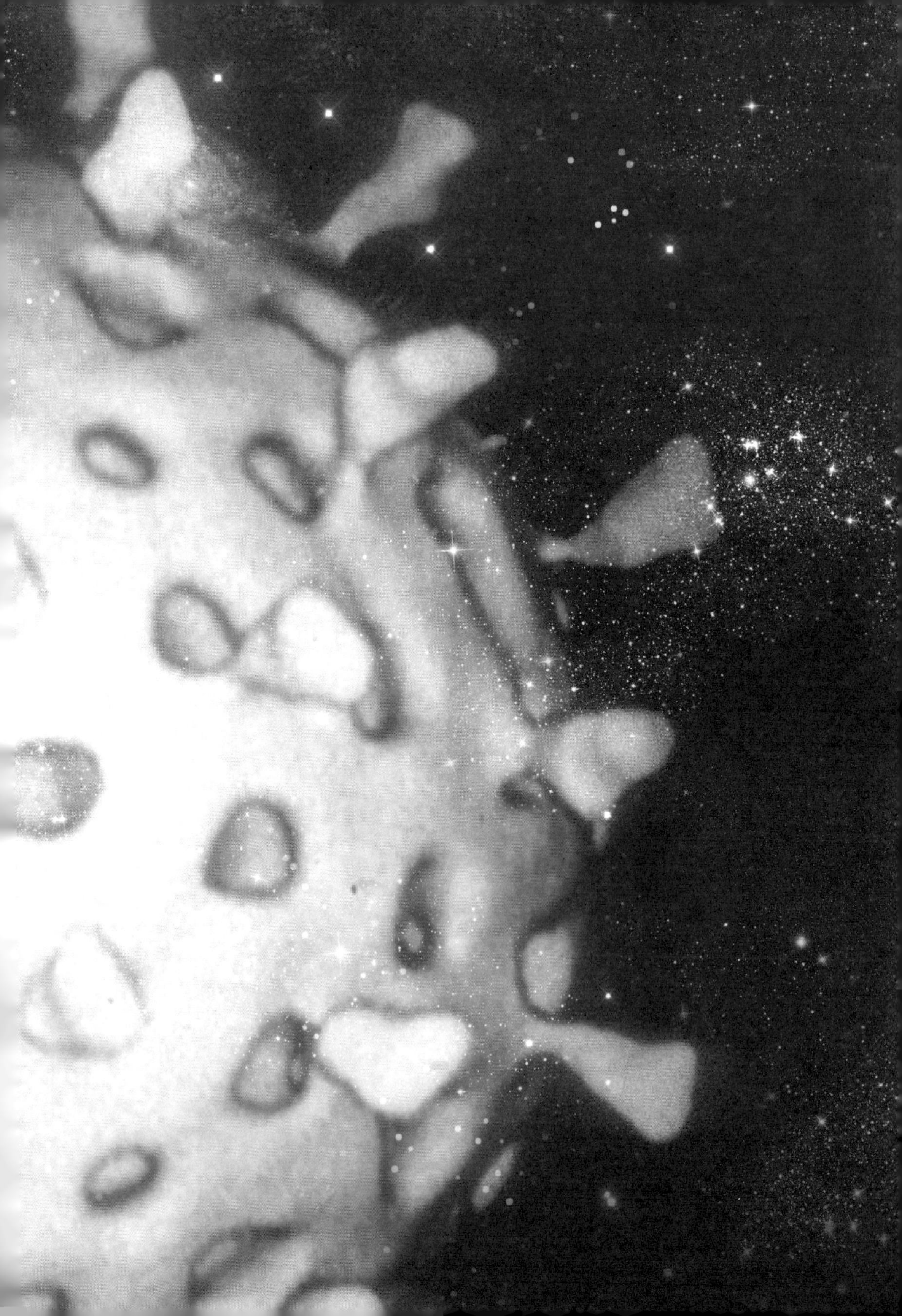

第四章

病毒偷跑

幾天前，在某處的電腦研究實驗室中，李昭安教授正在研究人工智慧的自然語法系統，他已將這份研究發表在電腦研究期刊上，得到許多熱烈討論與迴響，目前已在實驗室試驗成功，下一階段上市計畫正繼續研發，同時他也是資訊安全的專家，常常研究各種病毒及駭客手法，幫助警察破案。

這一天，他正專心研究他的人工智慧軟體時，他發現人工智慧軟體遭到非法下載更新，這竊賊非常瞭解他實驗室網路架構及帳號密碼，正當他要查明源頭時，突然網路不通了，他自己正在排除這故障原因時，真是壞事接二連三，一不小心把一條接到病毒實驗室的網路線，插到他的人工智慧實驗網路中，雖然他馬上拔除網路線，但是有一隻病毒趁機感染到他研發的人工智慧軟體中。他自己也馬上察覺到，但下一秒，這竊賊又進來下載更新，正要查明這竊賊電腦 ip 位址源頭時，狡滑的病毒竟然幫他毀掉這證據。

真是糟糕，怎麼這麼倒楣，萬一人工智慧軟體被有心人亂用的話，後果可不堪設想，不知道這人是誰，有什麼目的，李教授一邊抱怨他的粗心，一邊把這漏洞補起來，並且趕緊清毒復原人工智慧軟體，且加以層層隔離，以免下次再遭偷竊更新，但似乎也無法挽回這件事，他只能期待不要有重大事情發生。

在學校教室裡，美虹老師正站在講臺上，跟大家說明這次五十週年校慶運動會。

「大家知道，十二月二十五日，是什麼節日嗎？」

「聖誕節！」

「行憲記念日！」

「都對，大家都忘了，那天也是我們學校校慶，而且是五十週年校慶。」

「太棒了，校慶運動會，有吃有喝，還有精彩節目。」小炫說。

「沒錯，而且學校想邀請校友一起參加校慶活動，如果爸爸媽媽或親朋好友是校友的話，麻煩告知他們，順便分享學校照片，聽說校長想頒獎給最年長的校友及最珍

貴的學校照片，鼓勵大家踴躍參與。」

「有什麼特別節目嗎？」志成問。

「志成問的好，校慶晚會上，每一個班級都要表演，代表班級在校慶晚會中演出，請大家踴躍的提議。」

「老師，我們可以全班跳妖怪操。」淑英建議。

「又是跳舞，我不想跳。」小炫在底下喃喃自語。

「老師，我們可以全班唱青春修練手冊。」小蜜建議。

「又是唱歌，我不想唱。」小炫又在底下喃喃自語。

大家又是你一句、我一言時，小炫突然舉手站起來建議。

「每次又是唱歌、又是跳舞的，難道我們不能有特別的表演嗎，我建議幸助彈鋼琴，他是我們班學鋼琴最久的，從幼稚園到現在。」

小炫這招，是一方面想逃避唱歌、跳舞，一方面想要讓幸助出醜，不是真心的想提議，因為昨晚在臉書的貼文，大家都偏袒幸助，他有點氣憤。

「老師，我沒有信心，萬一害了班上榮譽，我可承受不起，而且這是班級團體表演，不是個人。」幸助不好意思，想推託掉這件事。

「選簡單一點的曲子，不會嗎？小星星一定會彈吧？」小炫回說。

「老師，那我們全班可以扮星星，在旁邊配合幸助的音樂旋律，簡單的伴舞及裝可愛，一定很萌的。」小晴建議。

「小炫及同學的建議不錯，小星星有點簡單，可以改成小星星變奏曲。」美虹老師建議。

但大家不知道小星星變奏曲到底難不難彈，反正那是幸助的責任，糊裡糊塗就成為一個提案。

「我們現在有三個表演項目，請大家投票表決，一、妖怪操。二、青春修練手冊。三、小星星變奏曲。」

結果出乎大家意外，竟然一面倒的選中小星星變奏曲。

「那我們就請幸助來老師這邊拿曲譜，若彈奏上有問題，我們可以一起請教音樂老師。」

放學後有同學拿出新手機，大家很羨慕也在討論，誰有手機誰沒有，這時小

蜜與小晴，她們聽到有許多同學已有手機，都很羨慕他們，於是她們上網查詢一支功能不錯的手機，市價是七千九百元，但這家在網路上一次買兩支特價只要各三千九百九十九元。

「小蜜，這支手機功能不錯，五．五吋的大手機，相機一千三百萬畫素。」

「我也覺得不錯，三千九百九十元幾乎是打對折了，一起買有這特價。」

「我們回家拿過年紅包錢及零用錢，一起買吧！」

「這麼便宜，連我都想買一支，可惜我沒有錢。」小炫湊熱鬧說。

這時在一旁的小炫、淑英及幸助聽到小蜜及小晴要買手機，他們也很感興趣，紛紛加入聊天。

「對呀！小蜜、小晴，這麼便宜，會不會有問題？」淑英也加入討論。

「淑英班長，妳會不會得到班長病，什麼都要管，看到小蜜、小晴買手機這麼便宜，就嫉妒她們，見不得她們好。」小炫想報復昨晚淑英的多嘴。

「我才不會呢！」淑英反擊說。

「要不要跟爸爸媽媽確認這樣的店家可以買嗎？」幸助覺得淑英說得有理附和說。

「如果跟爸爸媽媽商量，他們一定不會讓我們買手機的。」小蜜說。

「沒錯，他們不會讓我們買的，也謝謝淑英提醒，我們會小心的，而且這店家正評是100％，應該不會有問題的。」小晴說。

「嗯，拿到手機後，記得要跟我們分享喔！」淑英說。

「沒問題！」小蜜及小晴異口同聲的說。

在放學回家的路上，幸助一邊走路一邊在想，他實在沒把握把小星星變奏曲練好，正在忐忑不安時，剛好經過便利商店，想起狄仁寧給他的禮物，已過了三天了，應該已經寄送到，於是他進入便利商店，報上自己的姓名及拿出他的學生證件，果然他順利領取到包裹，幸助心理想著，到底是什麼禮物這麼神祕？

幸助很興奮的快走回家，進了房間迫不及待把包裹拆開一看，裡面有眼鏡及手套，而且眼鏡竟然跟自己的一模一樣，幾乎看不出太大差別，幸助有點失望的說：「這又不是什麼神祕東西，狄哥哥裝模作樣，待我登入臉書質問他清楚。」

幸助在電腦前打字說：

「收到你的禮物，一副眼鏡、還有一雙手套，我還以為是什麼東西，一點也不驚奇。」

「哈哈哈，你先別急，請先戴上眼鏡。」

幸助換下他的眼鏡，戴上新眼鏡，沒有什麼不同。

「好了，已經設定好，你的人臉辨識，聽得到我的聲音嗎？」

果然，在眼鏡框後，有發出聲音直接進入到耳朵，而且只有戴的人聽得到。

「這眼鏡真的好厲害，聽得到你的聲音，你的聲音好特別，像是電腦的聲音。」

「謝謝誇獎，我故意用電腦聲音特效，讓大家認不出來。我也聽到你的聲音了，你再看前方的圍棋棋盤，是否有看出一顆黑棋一閃一閃的，表示我建議你放一顆棋子在這地方。」

「WOW，真酷！我圍棋靠這個就能贏了。」

「這眼鏡是用來當虛擬實境及擴增實境來用，以後會慢慢教你，請戴上手套，我幫你一起設定人臉辨識，只有你才可以用這兩個設備，別人拿去，沒辦法使用，像一般的眼鏡及手套而已。」

戴上手套的幸助，很驚喜高興，問：「這怎麼用？」結果話一說完，幸助在虛擬眼鏡的顯示下，看到類似電腦的畫面。

「你看前面有類似電腦的畫面，可以用智慧手套感應使用，你用智慧手套按按看。」

「WOW，太酷了!手機、電腦不夠看了。」

「先別高興，是我們公司想針對十二至十五歲青少年小朋友，如何運用科技在課業及才藝的學習，其餘我不管你。」

「對了，用這眼鏡、手套可以幫我彈鋼琴嗎？」幸助突然想到他的小星星變奏曲。

「那有什麼問題，坐上椅子，你先隨便彈一首，我聽聽看。」

幸助坐在椅子上，拿出小星星變奏曲譜，先腳踏中間踏板讓鋼琴的聲音變小，好像不想吵到房間外的人，開始彈起小星星的原曲。

「ㄉㄛ ㄉㄛ ㄙㄛ ㄙㄛ ㄌㄚ ㄌㄚ ㄙㄛ，

ㄈㄚ ㄈㄚ ㄇㄧ ㄇㄧ ㄖㄨㄝ ㄖㄨㄝ ㄉㄛ，

ㄙㄛ ㄙㄛ ㄈㄚ ㄈㄚ ㄇㄧ ㄇㄧ ㄖㄨㄝ，

ㄙㄛㄙㄛㄈㄚㄈㄚㄇㄧㄇㄧㄖㄨㄝ，ㄉㄛㄉㄛㄙㄛㄙㄛㄌㄚㄌㄚㄙㄛ，ㄈㄚㄈㄚㄇㄧㄇㄧㄖㄨㄝㄖㄨㄝㄉㄛ。」

「嗯，還不錯，請繼續。」

幸助再接著彈奏第一段變奏，這段變奏節奏變得超快，結果手指跟不上節奏，就彈得亂七八糟，這些錯誤透過虛擬眼鏡，在琴譜上彈錯的音、節拍或力度，都顯示得一清二楚，而且智慧手套還有力道的回饋，幸助又驚又喜。

「停停停，看來，你要從哈農開始練音階，手指不靈活，快速音都糊掉了，之後再彈徹爾尼，把手指與旋律練好，最後再彈這首歌。」

「你連鋼琴都懂，真的好酷，可是我現在只練哈農，會不會太慢了，這首歌再過兩個月不到，我就要在校慶晚會表演。」

「只要你用心練就沒問題，戴上虛擬眼鏡及智慧手套後，這套體感鋼琴實境程式會幫你的。」

「可不可以在表演時，直接在鋼琴中顯示，用手套控制我，那一定會通過。」

「練習時可以這樣，但表演時不行，我們研發這套程式，是要讓演奏者能在練習時改善他的彈奏，並且收集演奏數據分析演奏者彈奏問題，讓他在臺上拿出他的實力演奏，不然會違反我們公司規定。」

「規定是死的，我們是活的。」幸助好想用這套設備在舞臺上演奏，絕對不會出錯。

「不行，就是不行，沒得談，要是被發現，我會被公司炒魷魚的，趕快練一下哈農。」

這時手套發出震動的聲音，幸助嚇了一跳。

「手套怎麼會自己震動？」

「它在抗議你不靠自己實力上臺演奏。」

「手套你不要抗議，我彈哈農就是。」

「虛擬眼鏡及智慧手套，如何啊？」

「真的很酷，我愛死了。」

「再次提醒你，這些東西不能跟別人說，包括你父母在內，這件事只有我們兩人

知道，因為這是我們公司研發的最高機密，不能對外洩露，不然我的工作不保。」

「我爸爸媽媽很會嘮叨，這種事我才不會跟他們說。」

「你真好，有人可以嘮叨，我……宅男一個，沒人可以唸我，那我們一言為定。」

「一言為定！」

就在虛擬眼鏡及智慧手套的協助下，彈鋼琴不再只是彈錯音的糾正，會分析手指肌肉的律動、力道與聲音的產生，幸助彈哈農的曲譜，彈錯音時會嗶嗶叫，從眼鏡中看出剛彈錯的地方，連滑音及斷奏音錯的地方也會顯示在鋼琴中，音的輕重也會透過手套的震動力量提醒，這種圖像式的顯示彈奏問題所在，還有觸動式的糾正，讓幸助不知不覺中就隨著音樂旋律，牢記在他的大腦中，很快的幸助把哈農音階，一首一首的練習彈熟，聽著他自己練琴的鋼琴音符，整個心情都好起來，也忘了時間。

病毒偷跑

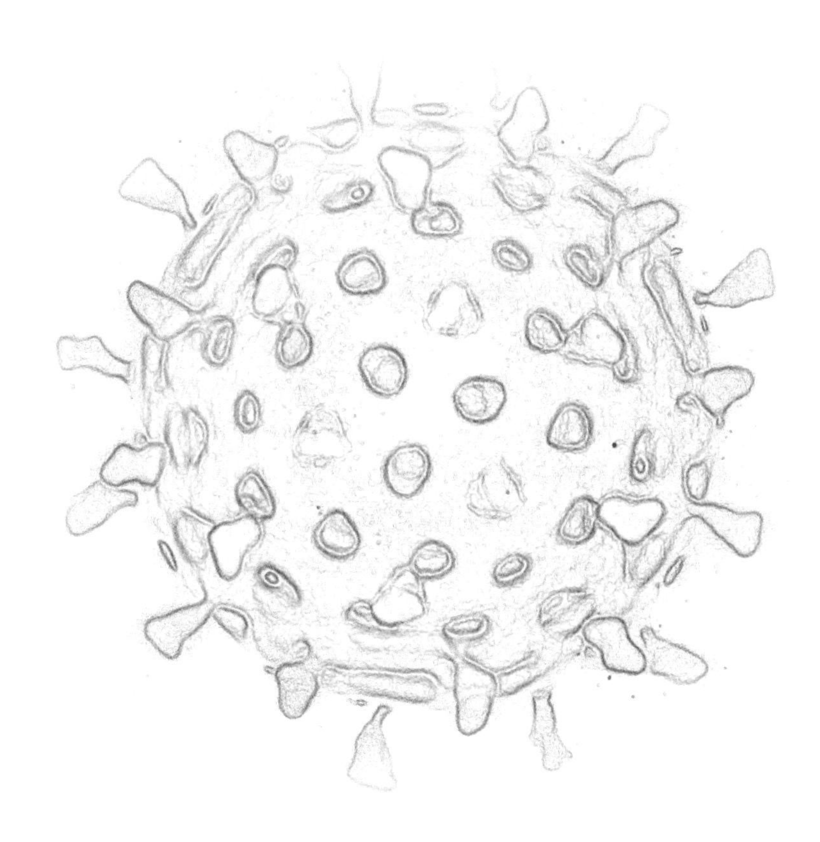

第五章

鬼屋冒險

今天放學後，排好路隊走路回家，一如往常在這個轉角，應該可以看到鬼婆婆在這邊整理廢棄的五金，但今天卻沒有看到。

「好像已有兩天沒有看見鬼婆婆出來撿垃圾了，好奇怪喔，通常鬼婆婆每天都會準時出現的。」志成覺得可疑的說。

「對呀！昨晚經過鬼屋，好像小鬼的哭聲更大了，真的好嚇人。」智穎害怕的口氣說。

「要不，我們晚上一起去看看。」小炫也覺得奇怪，提議說。

「我才不敢，這鬼屋很嚇人的。」志成害怕的說。

「幸助，你有跟鬼婆婆聊天過，要不一起去看看。」小炫說。

「這……這……，我怕媽媽不准。」幸助有點遲疑的回答。

「怕就怕理由一堆，我待會兒回到家，馬上去臉書召集大家，大家也可以壯壯膽，一起去看看。」小炫不滿幸助的推託。

「幸助，可跟爸爸媽媽說去學校打籃球來當作藉口。」志成說。

「欺騙爸爸媽媽這樣好嗎？」幸助覺得不妥。

「不會偷跑嗎？」小炫覺得幸助不夠勇敢。

「鬼婆婆兩天沒見，她自己又是獨居老人，萬一發生什麼事，就不好了？」幸助擔心說。

「對呀！所以我們才要去一探究竟。」智穎點點頭說。

「那待會兒我在臉書邀同學，一起去壯壯膽，幫大家解開鬼屋之謎。」小炫很有自信的說。

「好啊！就這麼辦。」幸助點點頭回說，志成及智穎也都同意。

回到家之後，幸助迫不及待，馬上用電腦登入臉書，直接跟狄仁寧說：「請問世界到底有沒有鬼？」

「這問題考倒我了，你不會 Google 一下嗎？」

「有呀！可是搜尋完後的資料，根本正反兩面都有。」

「哈哈哈，Google 可以幫你搜尋到精確的資訊，但最後的判斷還是要靠你自己了，不然人早就被電腦取代了。」

「人腦還是比較厲害！」幸助點點頭的說。

「你怎麼會問『鬼』這問題？」狄仁寧好奇的問。

「噓，小聲點，待會兒我想跟我同學去鬼屋。」幸助很緊張怕別人聽到。

「鬼屋？我也怕鬼！」狄仁寧假裝害怕的口氣回覆。

「大人也會怕鬼喔？」

「哈哈，信不信由你。把虛擬眼鏡帶去，萬一遇到鬼，我可以幫你。」

「呸呸呸，閉上你的烏鴉嘴。」

這時，在臉書動態看到了小炫號召班上同學去鬼屋，只發給同學的群組。貼文說：

「鬼婆婆幾天不見了，今天晚上七點吃完飯，我們一起去鬼屋，有意參加者請按讚，在鬼屋打卡拍照者，我送給他一個大禮物。」

這則貼文引起大家的留言，一開始沒人敢按讚報名參加。

A留言：「真的要去，我不敢啦，真的緊張緊張刺激刺激，看能不能拍到鬼。」

B留言：「那麼沒膽，要不是今晚要去補英文，我一定會去。」

C留言：「對呀！要不是媽媽要我打掃，我也會去。」

智穎留言：「我不能去，BJ4。」

小炫留言：「BJ4是什麼？不要亂發火星文，況且剛剛你不是同意要去的嗎？」

志成留言：「是不是鬼婆婆在吃小孩，才會幾天不出來，那鬼婆婆就真的是虎姑婆了，好恐怖喔！」

這時大家都不敢按讚參加，許多人都在觀望，更多人覺得恐怖害怕，這時勇敢的淑英班長出現。

淑英留言：「我不相信世界上有鬼，不做虧心事，半夜不怕鬼敲門，我想鬼婆婆會不會發生什麼事了？我按讚報名參加。」

幸助留言：「我也報名參加。」

D留言：「我是跟鄉民一起湊熱鬧，大家繼續談，好刺激喔！」

小炫回覆：「樓上的真欠扁，我參加，一定把小鬼抓出來，還有看清鬼婆婆的真

面目。」

智穎回覆：「Go 就 Go，Who 怕 Who？」

D回覆：「你們到時候不要褲子濕了，叫媽媽！」

小炫回覆：「少說廢話，有膽就報名。」

從淑英、幸助按讚參加後，就陸陸續續收到許多人按讚參加，時間一分一秒過去，七點時大家準時在鬼屋附近一家便利商店集合，這時志成笑著說：

「小炫打電話給我說，他一出門就被他媽媽逮到，要複習完功課才能出去。」

「切……，真的假的，該不會是藉口吧！人是他邀請的，第一個先開溜，真是膽小鬼。」智穎不屑的說。

「他就是怕你們不相信，才請我來傳話的，反正他會準備好禮物。」志成說。

「沒關係，我們一起去探探究竟，大家一起走。」淑英班長說。

於是大家走到了鬼屋前面，在沒有燈光的夜裡，鬼屋更顯得陰森森，這時候一聲一聲鬼的哭嚎聲出來，嚇得大家手腳發軟。

「傳說中，鬼的哭泣聲，好恐佈啊！」

「我後悔來這裡了，媽呀！」

「鬼來了，我們趕快跑吧！」智穎說完頭也不回的，就跑回家了。

這時也害怕的幸助，透過虛擬眼鏡跟狄仁寧溝通說：「這是鬼的聲音嗎？」

「我沒聽過鬼的聲音，據我的分析這聲音應該是狗哀嚎，吹狗螺的聲音。」

「真的嗎?不要騙我。」幸助小聲害怕的說。

幸助有點緊張，用發抖的聲音跟大家說：「這不是鬼的聲音，是狗．哀．嚎．吹．狗．螺．的聲音。」

「幸助，你愈說愈恐佈，狗為什麼要哀嚎，是不牠看到鬼了，我還是很害怕，我好想回家。」

這時鬼的哀嚎聲愈來愈密集且愈來愈大聲，嚇得大家縮在一起。

「好恐怖，快逃呀！」又有兩位同學也拔腿跑回家了。

於是只剩幸助、淑英、志成及另外兩位同學，他們小心翼翼踏進門口，進入庭院中的雜草，這時在月光的照射下，看到一排大大的黑影，一隻接著一隻吱吱叫，從草叢竄出來像是小鬼要來抓人的鬼叫聲，把大家嚇得要死，紛紛退到門外。志成大聲喊：

「有小鬼呀，救命呀！」大家飛奔向外面道路跑走。

「幸助，我不行了，我要先回家了。」志成臉色發白，聲音發抖的說。

「媽呀！太恐怖了啦！我要回家。」

說完志成與其他兩位同學也跑了，此時屋內的狗聽到有人的聲音，一邊汪汪叫，一邊追了出來。於是幸助及淑英快跑到原來的集合地點便利商店，兩人上氣不接下氣。

「幸助，剛才那吱吱叫的聲音，我的分析應該是老鼠。」

「嚇死人了，我也覺得是老鼠，可是黑影好大，像小鬼。」

「會不會是月光的照射下變大呢？」

「應該是這樣。」

「幸助，你在跟誰講話？。」

「不好意思，我因為害怕，所以自言自語。」幸助差點穿幫。

「現在怎麼辦，我們還要去嗎？」淑英害怕的說。

「既然來了，不能徒勞無功，到時候又被小炫及同學笑沒膽，不過屋內還有一隻狗，我們得想辦法對付牠。」幸助有狄仁寧的幫忙與助膽，他雖害怕但不放棄。

點子。

「我有辦法了，買個狗飼料餵牠，說不定就會對我們搖尾巴。」淑英突然想到好

「好主意，我們一起去便利商店購買。」

在便利商店買了兩罐狗飼料後，幸助跟淑英兩人又到了鬼屋門口，兩人也都很害怕，但想到已在臉書留言，不能丟臉，這時淑英害怕的握著幸助的手，幸助走在前面淑英跟在後面，沒多久就聽到狗吠聲，從屋內衝出來，本來幸助打算要往後跑，因為淑英在後面牽著他的手，只好鼓起勇氣硬著頭皮向前一步一步慢走。

「狗飼料。」狄仁寧提醒幸助。

經狄仁寧的提醒，他把準備好的狗飼料，用手電筒照射著它，讓狗來吃，這招果然奏效，這隻狗跑到他們面前停了下就來不吠了，馬上在飼料旁吃起來，看起來很餓的樣子，一邊狼吞虎嚥，一邊對他們搖尾巴。

很快第一罐的狗飼料被吃光了，於是幸助把另一罐握在手裡，往屋內前進，引誘狗帶路，到了屋內門口，聽到發出微弱的呻吟聲，像是鬼魂嚇人的叫聲，又把他們兩人嚇得發抖，腳又縮回停在屋外，這時在耳朵傳來狄仁寧說：「這是人的聲音，不用

怕。」

「會、會不會是鬼婆婆把小孩關起來，小孩發出的聲音。」淑英原本不相信鬼婆婆會吃小孩的，但被嚇到失去理智，聲音發抖的說。

「我也不清楚，我們小心一點，先進去再說。」幸助也是害怕的說。

這時狗吠聲更大，好像要帶他們去哪裡，於是他們跟著狗進入客廳後，又進入一間房間，一踏進門呻吟的聲音就愈清楚，於是幸助用手電筒的光線從門口遊移照到床上，看到有人躺在床上，嚇了一大跳，他慢慢用手電筒照射頭部，光線聚集照在臉上，看到慘白鬼婆婆的臉，她發出微弱的呻吟聲。

「是阿婆！」淑英驚訝的說。

「嗯，我找一下房間燈的開關。」

在手電筒燈光的搜尋下，幸助很快找到了房間燈的開關，打開電燈後，走到阿婆旁邊，在明亮的燈光下，她的臉很憔悴，看起來生重病了。

「水．水．水．」鬼婆婆微弱說著。

這時淑英趕緊到客廳，打開電燈後找到了水壺，倒八分滿在水杯後，讓鬼婆婆坐起來喝，喝過淑英的水後，鬼婆婆較有元氣，就跟他們說：

「多謝你們來，我生病，已經一天沒吃沒喝了。」

「我們就是看您今天沒出來，所以過來看看，沒想到您生病了。」淑英說。

「你們不怕我嗎？」

「不怕，但這地方比阿婆可怕。」幸助直覺的說出來。

淑英使了一個眼色，像是跟幸助說：「不要亂講話。」

「阿婆，有沒有需要幫忙的地方呢？」淑英的提醒後，幸助突然想到。

「我沒力氣起來，健保卡在桌上，幫我叫救護車。」

這時幸助走到客廳，淑英留在房間陪鬼婆婆，他拿起電話打一一九叫救護車，他看到桌上壓克力板下有一張健保卡，還有一張A4紙，上面寫著我叫莊瓊美，有出生日期、身分證字號、聯絡親屬名字及電話、銀行帳號及密碼。幸助覺得很奇怪說：「好奇怪，鬼婆婆要把這隱私的個人資料放在這裡？」

「唉！這一定是怕死在家裡，別人不知道她是誰，留下這個人資料，我是個宅男，我能理解。」狄仁寧心有同感的說。

不久後救護車到達，救護人員馬上到房間，用擔架床把鬼婆婆運到救護車後，其中一位問起鬼婆婆的個人資料，幸助拿了健保卡給救護人員。

「小弟弟、小妹妹，你們是婆婆的家屬嗎？」

「不是的，剛好經過這裡，發現婆婆兩天都沒出來，所以來看看，她好像獨居，沒有家屬。」幸助回答。

「你們的善行可佳，我們先把婆婆送醫急救。」

於是鬼婆婆就被送往醫院了，幸助跟淑英餵起這隻狗，並且在屋內及屋外與這隻狗拍照，比出勝利的手勢。回到家後，幸助就把在鬼屋與狗合照的照片貼到臉書，標題：『鬼屋夜遊』，在此打卡並標註有參加的同學，表示真的在鬼屋照的。

這一則貼文，造成大家在睡覺前的大熱門貼文，大家簡直不敢相信，又紛紛在這貼文留言。

A留言：「有鬼嗎？好像沒看到鬼？」

幸助回覆：「有啊！就是照片的這隻狗在叫，你們把牠的叫聲當成鬼了。」

A回覆：「這麼會這樣，牠的聲音真的好像鬼在哭。」

B留言：「鬼婆婆呢？怎麼沒看見？」

淑英回覆：「鬼婆婆生病送醫。」

B回覆：「你們做了一件好事耶！」

智穎留言：「謝天謝地，你們還活著，我們怕到跑回家，真對不起。」

C留言：「幸助、淑英，不好意思，我真的被嚇到了。」

D留言：「真可惜，沒跟到，不然照片一定有我。」

E留言：「很有前途的花田幸助，將來一定抓鬼大師，給你87分不能再高了！」

F留言：「誰是花田幸助？為什麼是只給87分，不是100分呢？」

志成留言：「你們真勇敢，所以真的沒有鬼？」

小炫留言：「這照片會不會用合成的？」

淑英回覆：「如果你能合成照片，分享給我們看，我就服了你。」

正當小炫要回覆淑英時，突然幸助媽媽留言：「鬼婆婆來了，如果不想被抓到，就趕快躲起來去睡覺。」

大家看到幸助媽媽的留言嚇了一跳，幸助貼文時忘了只分享給同學，結果大家都

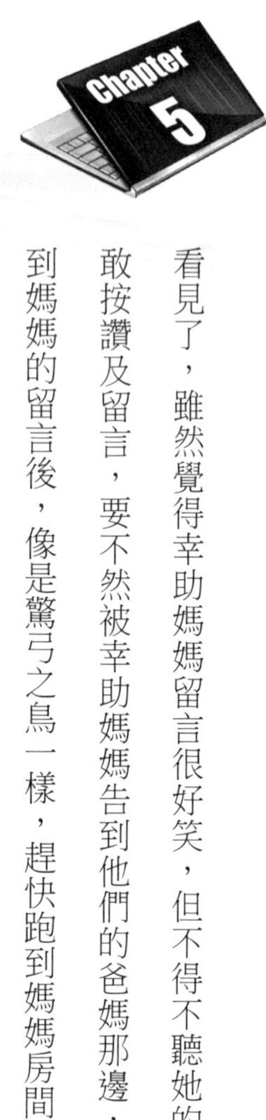

看見了，雖然覺得幸助媽媽留言很好笑，但不得不聽她的話，一哄而散去睡覺，沒人敢按讚及留言，要不然被幸助媽媽告到他們的爸媽那邊，可是吃不完兜著走。幸助看到媽媽的留言後，像是驚弓之鳥一樣，趕快跑到媽媽房間，媽媽看到幸助說：

「媽媽信任你，你會自己自修，怎麼沒有事先說要去老婆婆那裡？」

「媽媽對不起。」

「知道錯就好，你沒按照計畫溫習功課，這次禁足一星期了不能外出。」

「蛤？」

「原先是要禁足一個月，但你們幫老婆婆送醫，算是一件好事。」

「不能將功贖罪嗎？取消我的禁足。」

「不要討價還價，沒禁止你用電腦就對你很好了。」

幸助輕輕的關上門，一臉垂頭喪氣的臉，原先在鬼屋冒險的自信及救了鬼婆婆的好事，沒想到換來禁足一星期，驕傲自信的心情不但瞬間消失，而且還跌到了谷底，只能懷著失落的心情上床睡覺。

第五章

鬼屋冒險

20% EXTRA FREE

第六章

飲料手機

被媽媽禁足一星期的幸助，原本以為會為此所苦惱，但由於即將與小炫第二次圍棋對戰，不斷地使用圍棋佈局分析程式對戰，愈戰愈勇、愈戰愈好玩，好像也忘了這件事。

「看樣子你進步蠻多的，棋力已接近初段了。」

「就算這樣，我實力還差小炫一截。」

「對戰時，把虛擬眼鏡帶去，我來幫你。」

「你不是說過不行嗎？要靠自己的實力嗎？可是這算作弊耶！」

「哈哈哈，被你抓包，我只是手癢，想收集真實對戰資訊，真的不用幫嗎？」

「不然就幫這次，下次我用自己的實力。」

「我可以幫你前半局，去改進圍棋遊戲程式，也可讓你學習對戰招式，後半局你自己靠實力。」

「一言為定，有你的幫忙，我這次贏定了。」

「別想太多，最近我好像感冒了，搞不好會幫倒忙。」

「有去看醫生嗎？」

「沒有，我想多休息一下，搞不好自然會好。」

「我要再練習了，你要多休息喔！」

正當幸助跟狄仁寧聊天時，有一隻病毒，透過網路利用電腦系統的漏洞，正向全世界的電腦滲透，無聲無息、沒有動靜，就這樣許多電腦被感染病毒，成為殭屍電腦，形成一個殭屍大軍，被有心人控制，沒有任何徵兆，好像是暴風雨前的寧靜。

學校放學回家後，小蜜與小晴很高興到便利商店取貨，她們在網路訂購的手機已寄到，她們在便利商店付完錢後，就到小蜜家一起拆開手機，她們一拆開包裝盒後，看到衛生紙整齊的包裹，以為是防撞的特別保護，於是兩人小心翼翼慢慢拆開衛生紙後，竟然都傻眼了，衛生紙包裹的竟然是一罐十元的紅茶飲料，再拆開另外一包裝盒也一樣。

「會不會寄錯了？」小蜜說。

「那我們打電話問問賣家。」小晴說。

於是她們打電話聯絡當初賣給她們的人，沒想到電話回話是空號，她們恍然大悟被騙了，當場就哭了起來，辛辛苦苦存了好幾個月的零用錢及過年紅包，就這樣沒了，準會被爸爸媽媽罵，想到又淚流滿面。

她們忍著被罵的心情，跟爸爸媽媽說明後，爸爸媽媽不但沒罵她們，反而安慰她們說：「就當作付網路購物的學費吧！我們報警抓詐騙賣家。」

她們不約而同在臉書貼文，標題：『#飲料手機：買過一罐三千九百九十九元的飲料嗎？我們被騙了，手機變成飲料一罐！』並且附上飲料手機照片、賣家的大頭貼及相關資料，引起大家的熱烈討論，給貼文的表情都是傷心的『嗚』符號。

「賣家太沒有良心了！」

「妳們爸爸媽媽真好，沒有罵妳們。」

「妳們買東西的時候，有看商家的評價嗎？」

「有，雖然評價100％，但爸爸媽媽說那很少人評分，一定是假的。」小晴回覆。

「妳們爸爸媽媽很專業，懂的真多！」

「小晴、小蜜，妳們要淡定……，淡定紅茶一罐三千九百九十元。」小炫取笑她們留言。

「小炫，你到底有沒有『銅鋰鋅』，不安慰她們就算了，還用這種網路用語取笑人家。」淑英用網路用語反諷刺小炫。

「就是貪小便宜嘛，難怪會受騙！」小炫幸災樂禍。

「被騙已經很傷心了，你還幸災樂禍！」淑英留言。

「小炫欠扁！」

「欠扁+1！」

「欠扁+n！」

幸助把這件事告訴了狄仁寧，狄仁寧想了一下說：

「可以先上網找賣家的資料，搞不好他們在別處還用這帳號騙人。」

「不是已經報警了嗎？警察難道查不出來？」

「如果警察可以查出來，早就破案了，目前一定找不到，我們先查查看。」

幸助用 Google 查詢找，但賣家提供的名字、電話及相關資料，都只查到原來的賣家造假的資訊。

「都找過了，沒有新的資料。」

「用大頭貼找找看。」

「用大頭貼也可以搜尋嗎？」

「當然可以，用圖片搜尋看看。」

這時幸助用小蜜、小晴在臉書提供的賣家大頭貼，這賣家的大頭貼，是一張手機卡通造型照片，相當精緻可愛，難怪會吸引買家注意，在 Google 用圖片搜尋，果真查詢到另外兩筆資料，一筆在臉書的資料，一筆在網站上。

「看到了，在臉書及購物網站上都有，也是賣手機的，可是名字、電話及相關資料都跟小蜜她們的賣家不同。」

「有可能這賣家的大頭貼被盜用，或者這詐騙賣家，用另外的假名在臉書或購物網站繼續賣假手機，不管如何把這資料提供給警察，不管是前者或後者，都有助於警察追查這詐騙犯。」

「好的，我馬上告訴小蜜及小晴。」

幸助提供這資訊給小蜜及小晴後，原本滿心歡喜，警察應該會查到詐騙犯，而他可能會得到少年網路偵探的封號，沒多久警察回覆給小蜜及小晴，在臉書及購物網站是原廠商，他們也是受害者，而且警方已掌握嫌犯到出貨便利商店的臉孔，這廠商確實是受害者，這讓幸助很失望，希望警方早日逮到詐騙犯人。

在小蜜與小晴購物被騙後，小炫還有同學的臉書出現了陌生人，名字叫郭大俠，沒有共同的朋友，而且大頭貼是金庸小說裡的郭靖，他發出了交友邀請給一些同學，同學們都刪除了邀請，但小炫好奇他到底是誰，於是小炫發了訊息給他：

「請問我認識你嗎？」

「交了朋友，就認識了，我叫郭大俠，專門助人。」

「你人真好，那你可以幫助我嗎？」

「當然，你希望我幫你什麼？」

「幫我按讚。」

小炫心想：「現在臉書言論風向球，都倒向淑英跟幸助，所以他需要按讚的朋友，得到一種支持與炫耀。」

「沒問題！」

於是小炫就按了『確認』交友，心想以後會有更多的讚，維持他臉書的人氣，這樣會更有面子，臉上微笑心中沾沾自喜。

飲料手機

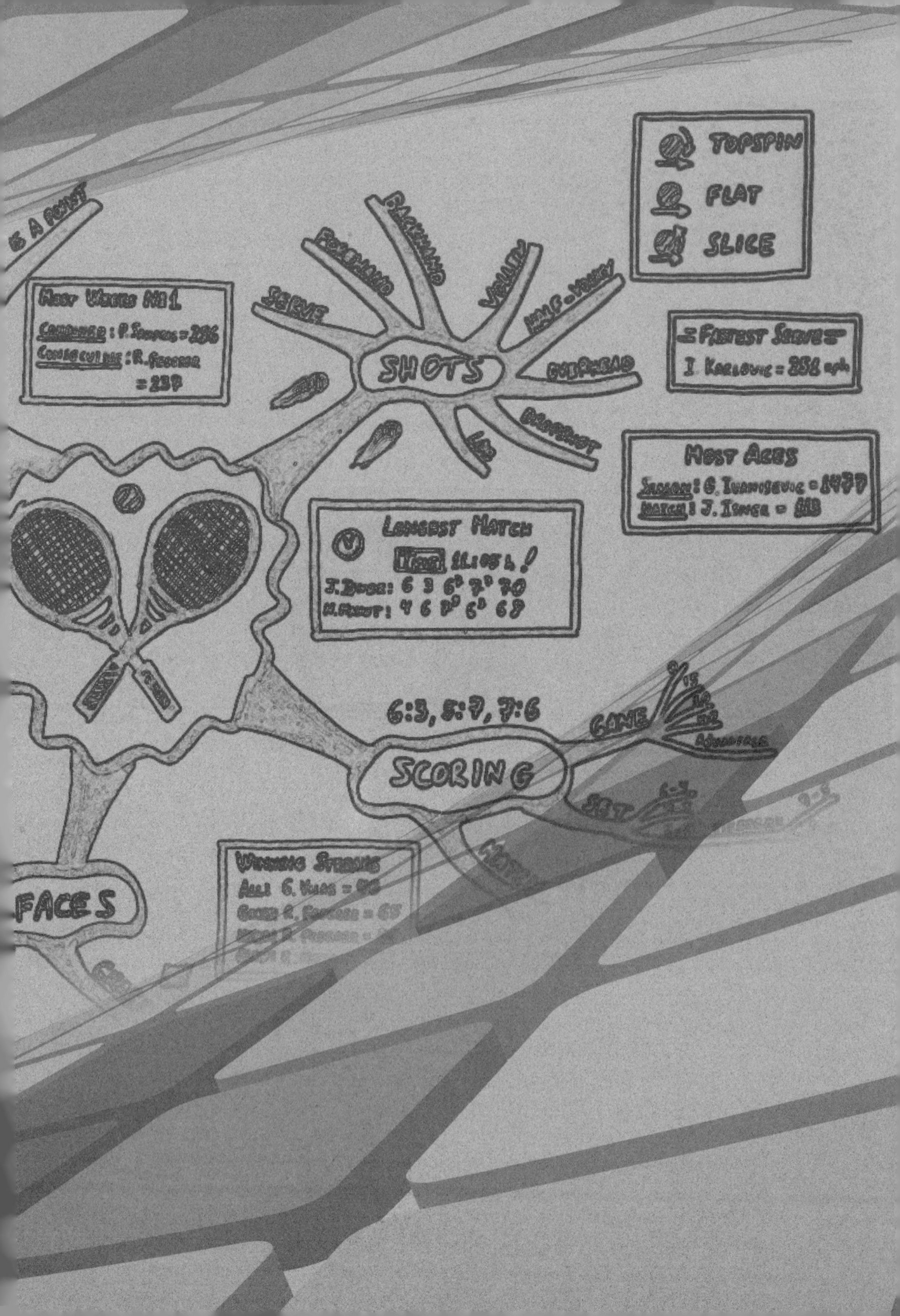

TOPSPIN
FLAT
SLICE
SHOTS
SERVE
FOREHAND
BACKHAND
VOLLEY
HALF-VOLLEY
OVERHEAD
DROPSHOT
LOB
Fastest Serve
Most Aces
Longest Match
11:05 h!
6:3, 5:7, 7:6
SCORING
GAME
SET
FACES
Winning Streaks

第七章
二次元學習

SERVE
FOREHAND
BACKHAND
SHOTS
LOB
LONGEST MATCH
TIME 11:05 h!
6:3, 5:7, 7:6
SCORING
GAME
SET
MATCH
2 OF 3
3 OF 5
WINNING STREAKS
G. VILAS = 46
R. FEDERER = 65
R. FEDERER = 56
R. NADAL = 81
MOST TITLES
ALL: J. CONNORS = 109
TOURNAMENTS
FINALS
ATP
GRAND SLAMS
GRAND SLAMS
MOST TITLES - R. FEDERER = 16
CALIBRATION
PRIM

時間過得很快，又到了小炫與幸助圍棋第二戰，許多同學沒有回家，直接在教室觀戰，由於狄仁寧可以透過虛擬眼鏡幫忙幸助，這次他顯得有自信。

「幸助，這一次為了不要讓你輸的太慘，我會讓你的。」小炫故意裝好心的說。

「不用讓，請全力以赴！」幸助口氣堅定的說。

「哎唷，口氣這麼大，一定有詐。」

一開始維持他們雙方攻佔的棋盤，由於幸助透過眼鏡，可瞭解雙方的佈局分析，猶如他跟電腦圍棋程式對戰，而且眼鏡中閃爍的棋子，表示狄仁寧暗示下棋的位置，下了幾手後幸助的佈局就有優勢，把小炫的白棋圍起來吃掉許多，此時小炫面有難色，不說一句話。

「小炫，這是你說的要讓幸助的嗎？」智穎好奇的問。

小炫抬頭擺了一下臉色，好像請智穎閉嘴。

「幸助好厲害，才短短兩個星期，就進步這麼多。」

「你看幸助下棋穩重的樣子，像變了一人一樣，好像被附身了！」

小炫一開始自信滿滿，愈下愈斷不了幸助的棋子，也失去進攻優勢，到了棋局的一半，很明顯黑棋佔上風，小炫臉都紅了起來，此時狄仁寧依照之前的約定，不再插手幫忙。

「下半局要靠你自己了，加油幸助！」

幸助心裡吶喊著不要，希望狄仁寧繼續幫忙，但更希望靠自己的實力，打敗小炫。

「幸助真厲害，這樣下去他一定會贏的。」志成判斷局勢說。

「觀棋不語真君子。」小炫抗議志成的話，希望讓自己能夠靜下來思考棋步。

幸助幾個攻勢佔地後，一不小心下錯了一棋，就被小炫突圍，在沒有狄仁寧的幫忙下，原先幸助處於領先地位，就被幸助的粗心給打散了，這時小炫吐了一口氣，有自信的說：

「幸助小心了，我開始要攻城掠地。」

在小炫的凌厲攻勢下，幸助黑棋的領地，並沒有絕對的勝算，戰的難分難解，旁觀者都替他們兩人擔心，好像是他們在下棋，最後終於對戰結束。

「棋鼓相當難分難解，到底誰贏？」

「只能數數看了。」

大家屏息以待，裁判同學說：

「小炫以 5.5 目勝出。」

「真可惜，又輸了，還是小炫厲害。」幸助覺得失望。

「幸助好像變成另外一人似的，前半局下的不錯，像高手一樣，後半局有點失常，但棋藝進步許多。」小炫回說。

「看樣子，最後一次比賽，應該是最有看頭的，小炫不要輕敵，幸助要好好加油！」小蜜說。

原先大家都倒向小炫，看完這次比賽後，大家對幸助另眼看待。

「幸助加油，下次你會贏得勝利的！」淑英鼓勵幸助說。

「女追男，淑英偏心！」小炫故意說。

「不要那麼無聊！不管輸贏，我都希望你們能跟幸助道歉。」淑英回說。

「那就看他的能耐了！」

就在大家爭吵中，結束第二次的圍棋比賽，幸助回到家中，立刻跟狄仁寧說聲謝謝。

「真可惜，最後輸掉了，不過你進步蠻多的。」狄仁寧安慰幸助說。

「沒有你的幫忙，我也不可能進步那麼多。」

「再加以練習，相信最後一次比賽能夠翻轉。」

「希望如此，明天要小考，先來複習功課，不然又會被媽媽罵，不過……」

「不過什麼？」

「就算複習多次，效果還是有限，我也記不太起來。」

「我知道你說過，你的語文組織能力不太好，這樣在背誦記憶會較差，上課也會不專心。」

「有方法幫我嗎？」

「從你學習圍棋的問題及你自己的描述來看，你似乎有學習障礙。」

「學習障礙？」幸助假裝聽不懂，之前就想告訴狄仁寧了，只是不好意思。

「沒錯，你先戴上虛擬眼鏡，再拿出社會課本，先這一面。」

幸助照著狄仁寧的話，戴上虛擬眼鏡，再拿出社會課本，唸完這一面兩頁，狄仁寧考他，他只能記住三成左右。

「電腦是用0與1儲存來記憶，但人腦相當複雜，主要靠神經元來記憶，而透過五官的管道來進行理解與記憶，如聽覺、視覺、觸覺等等，老師上課的聽覺，似乎對你來講效果不佳，不然你回到家複習，小學功課應該可以得心應手，所以我來加強你的視覺記憶，如圖像、心智圖記憶，以及混合視覺、聽覺的記憶，如口訣等等。」

「什麼是心智圖？」

「你再看一次課本。」

這時幸助看到書本時，有用黑體字或不同的顏色標示，問題或關鍵字從書本飛出來成為中央圓圈，然後一階層一階層的，從旁邊像樹枝或幅射一樣連接或關聯起來，吸引幸助的目光，有助於思考理解與記憶。

「以你們社會的宗教文化信仰來舉例，如中間以問題核心為佛教，旁邊的分枝思考為：

人：釋迦牟尼佛創立

事：菩提樹下悟道

時：西元前六世紀

地：古印度現為尼泊爾

物：佛經做信仰依據

當然人、事、時、地、物後，還可以再細分，以此類推，構成一個圖像式思維的工具。」

「真的太神奇了！字都飛出來，從中央拓散開來，像是一棵樹一樣，拓展成大樹枝、小樹枝及葉子，到底是怎麼做到的？」

「這是機密，我們開發的軟體，配合課文所開發互動擴增實境。」

「我上課時也可以這樣幫我嗎？」

「我建議你上課做筆記，透過老師上課對你聽覺的接收，一方面你會比較專注，另一方面整理重點，透過心智圖、口訣等等，混合聽覺、視覺及組織能力，你較容易

記憶與思考。」

「再試試這個。」

「哇，我好像去旅遊一樣，這是哪裡？」

「目前在沙烏地阿拉伯麥加，有看到清真寺嗎？」

「圓圓的屋頂，好特別、好漂亮。」

「有看到回教徒在朝拜嗎？」

「教堂的穹頂好莊嚴、好漂亮，是在朝拜穆罕默德嗎？」

「哈哈，當然是！這是透過Google的街景及網路的照片，透過3D虛擬實境的模擬，戴上眼鏡感覺身歷其境，這是視覺、聽覺、觸覺混合的學習，記得起來了嗎？」

「有去過當然容易記，你可以考考我。」

「再來進入均一教育平臺及PaGamO遊戲學習平臺，你可以像攻城掠地的測驗，瞭解你不會的地方，改進你學習的弱點。」

「真的，好玩又有趣！」

「這就是二次元學習方法。」

果然透過這互動虛擬實境，幸助在 PaGamO 遊戲學習平臺的答對率幾乎達九成，幸助愈讀愈有趣。

「那我現在要複習國語，再來英文。」

「已經十點多了，明天再複習吧！」

「不行，我要一鼓作氣，要複習完。」

原本讀書對幸助是一件苦差事，透過這科技的輔助及上課筆記的學習，他慢慢建立信心，甚至可以改善他的學習問題，他也讀出興趣來。這時幸助媽媽經過他的房間，敲門進來，看到幸助還在溫習功課，她內心感到欣慰，她原先還在懷疑，讓他自行溫習功課，不知是否有效，上次還偷跑去看鬼屋，不過現今看到他的認真，或許值得一試。

「幸助，十一點多了，趕快去睡覺，不然明天起不來。」

「好的，媽媽，讀完這課後，我就要去睡覺了。」

「還有最近你練琴似乎比以前勤勞了，常常聽到彈鋼琴的聲音。」

「對，因為學校校慶要演奏小星星變奏曲。」

「是幸助要演奏嗎？」媽媽有點懷疑。

「被同學陷害的。」

「蛤?哈哈，那幸助不簡單喔!」原先媽媽有點聽不懂。

「當然，小星星變奏曲可不簡單。」

「需要媽媽陪你練習，幫你指正錯誤的地方。」

「我想自行練習，如果需要媽媽幫忙，一定會跟媽媽說。」其實目前幸助不希望媽媽幫忙，怕練不好時，媽媽又碎碎唸，況且他現在有虛擬眼鏡及智慧手套幫他。

「那寶貝，晚安了。」

「媽媽，晚安。」

在全球無數電腦被病毒控制，成為殭屍電腦大軍後，小炫在家中使用電腦時，他收到一封臉書faceb00kmail.com寄來的信，主旨：您在臉書移除了電子郵件及電話通知，信件內容還附上網頁網址。可是他想昨天又沒有去移除這些資訊，難道被駭客入侵，於是點擊這郵件附的網頁網址進入臉書頁面，輸入帳號及密碼後，去更新了他的電子郵件及電話。更新完後，感覺有點怪，其他功能都不能用，但又沒有多加查看，於是他離開了這頁面，就把電腦關了，去睡覺了。

結果隔天美虹老師在上電腦課時，讓大家自由練習如何用 PowerPoint 做簡報，智穎覺得無聊，就偷偷的登入臉書，在臉書的動態貼文，看到小炫傳給他一個影片貼文：「巢哥的新遊戲介紹，請按這連結。」智穎心想，小炫對他真不錯，沒想到一按下去，跑到另一個怪怪的網頁上，完全沒有巢哥遊戲影片，於是智穎在小炫的臉書回文：「你騙人！」

此時志成也登入臉書，同樣收到小炫傳給他一個影片貼文：「小玉和放火的搞笑影片，請按這連結。」結果志成不加思索就按下去，跑到另一個怪怪的網頁上，完全沒有小玉和放火的搞笑影片。

這時愈來愈多同學看到小炫在臉書給他們的病毒貼文，私底下小聲問了小炫，小炫就說：「看到鬼嗎?我沒有分身，沒有發影片連結給大家。」可是愈來愈多同學說，這時小炫就舉手發問：「老師，我有問題。」

同學私底下輕聲說：「他的問題可大了。」

美虹老師回問：「什麼問題?」

「我沒有發臉書影片連結給大家，為何同學都收到我在臉書給他們的影片。」

「老師看看。」

美虹老師走到了智穎、志成的電腦面前，檢查電腦系統與檔案，發現他們已中毒了，於是就跟大家說：

「請大家不要點小炫分享的臉書影片貼文連結，那是病毒。」

結果全班譁然，大家把目光都注視著小炫。

「不是我，絶對不是我。」小炫揮一揮手澄清。

「小炫，你最近是不是有收到奇怪的電子郵件，或亂看不該看的網站？」

小炫想了一下說：「老師我很乖，沒有亂看不該看的網站。」

結果大家都在笑，有點不相信小炫。

「說到奇怪的電子郵件，昨天倒是有一封從臉書寄來的信，老師幫我看看。」

小炫將電子郵件打開，老師眼尖看到發信人 faceb00kmail.com。

「這是冒名的假郵件，你看 faceb00k 那是數字零不是英文O字母，你被騙了，而且連結臉書網頁的網址，也是假的臉書頁面。」

這時小炫才恍然大悟，驚慌的說：「看起來像真的一樣，老師那該怎麼辦？」

「請全班跟我一起這樣做，趕快更新電腦系統及防毒軟體，尤其剛剛有按小炫分享的影片網址。」

「小炫，是你家中電腦中毒或臉書帳號被盜，所以回家請你一樣更新電腦系統及防毒軟體，然後趕快更改你臉書的密碼，讓駭客無法使用你的帳號再發送病毒。」

「唉！真是倒楣的一天。」小炫嘆口氣說。

「還好發現的早，阻止病毒擴散，大家要以小炫的案例，做為我們這學期資訊安全的範例。」

「老師，小炫是不良示範。」淑英舉手說。

這時大家都笑開懷，只有小炫不好意思頭低低的。

「還有今天上電腦課，是練習如何簡報，不要隨意登入臉書，今天算是給同學的資訊安全教育，下次沒有按課程練習，老師會處罰。」

「是，老師。」同學齊聲說。

此時下課鐘響，好像替小炫解圍一樣，他趕緊離開電腦教室，跑去玩籃球了。

第八章

孔子臉書

下午上國語課時，美虹老師請大家在下星期一，繳交一篇作文，題目為假日出遊記，請大家要好好寫，這時小炫首先發難說：

「老師，寫出遊記事的作文很難耶？」

「真的嗎？記敘文會難寫？」

「老師，真的啦！萬一都沒出遊，怎麼辦？」

「好吧！如果真的都沒出遊的話，那寫一封信給你心目中的偉人。」美虹老師開玩笑的說。

「老師，這更難了。」

「有兩個題目可選擇，應該不會有問題了，有問題的話，來找老師。」

日子過的真快，明天就是星期一了，幸助一個字也沒動，於是他正慌亂時，想起了狄仁寧。

「狄哥哥，怎麼辦？不知道要如何寫作文？」幸助一五一十跟狄仁寧說明老師出題的經過。

「哈哈哈！」狄仁寧大笑三聲。

「你們老師真有趣，只是想讓你們寫去遊玩的日記，另一個題目是故意為難你們出的題目。」

「我已經一個頭兩個大，不管哪一個題目，我都不知如何下手。」

「我的頭比你還痛。」

「是感冒嗎？」

「沒錯，怪我太輕忽這病毒，得了感冒。」

「幾天前要你去看醫生，你就說不用，現在可好了，愈來愈嚴重了。」

「醫生恐怕沒有藥醫我。」

「感冒是絶症嗎？」

「不是啦！我是說多休息就好，藥對我沒用。」

「好吧！那你就休息吧！我自己想辦法寫作文。」

「真的不要我幫忙？」

「當然需要。」

「假惺惺，我來出個點子，給你們老師一個驚喜，如何？」

「你就別賣關子？只要能交差就好了，不用給老師驚喜。」

「幸助，請問你崇拜的偉人是誰？」

「想不太起來？」

「隨便一個。」

「喔，那孔子好了。」

「那你就寫孔子啊！」

「用抄的嗎？給我一篇適合我這年紀的文章，我來抄。」

「不是，直接訪問孔子？」

「狄哥哥，不要鬧了，孔子早就不在人世間了，我還可以訪問他？」

「哈哈哈，我不是開玩笑的，我是認真的。」

孔子臉書

「真的嗎？怎麼訪問？」

「在臉書發訊息給孔子。」

「孔子有臉書？就算是有也是別人的帳號，替孔子建立的，不會是孔子本人。」

「你要不要試試看？」

幸助一臉狐疑像，於是他在臉書搜尋「孔子」，果真有孔子的臉書，臉書上面有現代的封面相片及大頭照，當然也有孔子個人檔案。

封面相片：字：「吾十有五而志於學，三十而立，四十而不惑，五十而知天命，六十而耳順，七十而從心所欲，不踰矩。」背景：跟七十二位弟子合照。

大頭照：孔子古代肖像。

學歷：儒家的創始人。

工作：實施儒家的德性論五行思想（仁義禮智信）。

住址：古時住魯國鄒邑，現住孔廟。

興趣：「吾少也賤，故多能鄙事。」教書！

喜歡音樂：聞習韶樂之盛美，三月不知肉味。

喜歡書籍：論語、詩經、周易。

喜歡電影：孔子：決戰春秋。

暱稱：至聖先師。

喜愛佳言：「老者安之，朋友信之，少者懷之。」

口頭禪：子曰！

這時幸助臉露出驚訝的表情，他半信半疑鼓起勇氣，發訊息給孔子。

「請問您真的是孔子老師嗎？」

幸助屏住呼吸，心裡期待真孔子會讀，時間一秒一秒的過去，奇蹟真的出現，看到訊息有讀取的符號出現，然後出現正在輸入訊息。

「大丈夫行不改名，坐不改姓，正是在下。」

「冒昧打擾老師，我叫翁幸助，因為作文課要寫一篇寫給偉人的信，所以想直接請問您，可以嗎？」

「偉人不敢當，師者，所以傳道、授業、解惑也。沒問題，今天就幫你解惑，你想問我什麼呢？」

因為事出突然，幸助一下子想不出要問什麼，想了一會兒後問：

「請問孔子老師，這問題困擾我很久了，我不讀音樂班，到底學鋼琴有什麼用？」

「嗯……，好問題，請問你喜歡彈鋼琴嗎？」孔子老師長拉一聲，像是摸著他的鬍子微笑的說。

「喜歡！」

「我師郯子、問禮於老聃，學鼓琴於師襄子，訪樂於萇弘。我四位老師，其中有兩位就是學音樂的，你說我對音樂喜不喜歡？」

「看起來孔子老師真的喜歡音樂，跟我一樣。」

子曰：「興於詩，立於禮，成於樂。」

「看不懂？」幸助沒讀過論語這段，也不知道意思。

「以詩來修身；依禮來立身行事；能夠被音樂感動、心情愉悅，更能感到幸福，藉著音樂來養成性情。你說讀不讀音樂班，有任何關係嗎？」

「孔子老師講的很深奧。」

「你看看你們處的現代環境，哪個地方沒有音樂，你看臉書、KKBOX、YouTube

影音分享等等，無處不存在音樂，真的很羨慕你們。就連你們小孩子喜歡的電玩、手機遊戲，都需要音樂配樂才能有聲光效果，吸引人去玩。」

「孔子老師果然是大師，講的頭頭是道。」

「咳……我不是大師，人稱我至聖先師！」孔子老師有點小抗議。

「在美育的薰陶下，和愈來愈多人追求或欣賞更美的事物，必定會引起音樂／美術與專業技術的融合與文化創新，創造新的專業技能與商業價值。」

「孔子老師可以舉例說明嗎？」幸助有點聽不懂。

「台裔創業家陳士駿是 YouTube 共同創辦人，他們因為喜歡影音分享，設計程式開發了 YouTube 免費影音分享平臺，透過廣告收取廠商費用，利用社群網路改變世界新的影音商業模式。」

「孔子老師可以再舉一個例子嗎？」幸助還是聽不懂。

「一位程式設計師設計電玩遊戲，如果他不懂音樂及美術動畫，他如何創造出優秀的聲光動畫效果，來吸引大家玩呢？」

「真沒想到音樂及美術對電玩遊戲這麼重要，我一定要好好勤奮練鋼琴。」

「喔，還有一個問題，我喜歡下圍棋，但學圍棋有用嗎？」

子曰：「君子以文會友，以友輔仁。」（其實是曾子說的，孔子老師引述他弟子的話）

「還是看不懂，這跟學圍棋有關嗎？」

「君子以文會友，以友輔仁。因應時代潮流多元交流，可以改成以棋會友、以樂會友、以球會友。這樣瞭解嗎？」

「學棋可以交朋友喔？」

「當然，你最近跟誰下棋呢？」

「跟一位超厲害的同學，贏不了他。」

子曰：「學而時習之，不亦說乎？有朋自遠方來，不亦樂乎？人不知而不慍，不亦君子乎？」

「更是看不懂？」

「用學棋的語言來套用，學棋而經常下棋，不是挺愉悅的嗎？有棋友大老遠的來過招，不是挺快樂的嗎？當自己的棋藝高超，別人不瞭解而沒有絲毫怨恨，不是挺君子的嗎？」

「可是我常達不到那種境界，每次都輸，覺得自己很沒用。」

子曰：「飽食終日，無所用心，難矣哉。不有博弈者乎，為之猶賢乎已。」

「孔子老師，可不可以說白話一點。」

「下棋是要用心思考，比一天到晚只知道要填飽肚子，卻沒有一件事情肯用心，所以下棋者都比這種飽食終日、無所用心的人來的好些呢！」

「再者下棋輸贏不重要，因為下棋要多思考、要多用心，才能在錯誤中學習。人不是電腦，下棋是怡智、怡情，偶爾下錯棋才能交到朋友，才能記取教訓。」

「我懂了，謝謝孔子老師。」

「表情符號微笑！表示不客氣。」

「表情右手大拇指，表示讚！」

隔天在美虹老師作文課，大家一如往常坐在臺下，聽美虹老師講解。

「看了大家假日出遊的作文，看了每一篇讓老師都想跟你們出去玩，其中淑英寫的很感人，請淑英把作文拿回去，唸給大家聽。」

這時淑英走到講臺，接過作文簿，唸起她寫的作文：

花能給人一種美的感受，那撲鼻而來的芳香，讓人心情安定也可以開開心心，更讓你的視覺、嗅覺大開。

假日與爸爸媽媽出遊，我們到了大溪的花海農場，看到一片綠意盎然，百花爭奇鬥艷，排成一列列像彩虹的七彩顏色，美極了！讓我想起了徐志摩說的名言：「數大便是美。」

在百花爭鳴、蜜蜂與蝴蝶飛來飛去，到處拈花惹草及採集花蜜，我們一邊追趕蝴蝶，不知不覺的置身於薰衣草田，像是在法國普羅旺斯，手中握著一朵薰衣草花，聞起它淡淡的清香，難得幾分的浪漫與悠閒。各種DIY的商品，讓我們瞭解早期年代農夫的農事辛苦；中午各種花系列的套餐，色香味俱全，讓我的胃口大開，全部吃光光。

當我正享受著花的美，想到我隔壁鄰居同學小真，竟然得了感冒，無法一起出來玩，她說她短暫失去了聞花的嗅覺、吃東西的味覺，我希望下次跟她一起來大溪花海農場，體會花的美、花的香、花的甜、花的柔，，更要聽見花開的聲音，這樣她感冒一定會好起來，體會從失去又得到幸福的美好！

聽了淑英的作文，幸助想起狄仁寧也是感冒，讓幸助覺得心有戚戚焉。這篇文章更得到大家的掌聲，大家都覺得淑英寫得超讚的，正當大家沉醉在淑英的文章，這時美虹老師又說：

「接下來，我不得不佩服我們班有位作文高手，不寫假日出遊記，反而寫給偉人的一封信，這位偉人正是孔子老師，文中有孔子老師的對答，宛如孔子在世時回答的，真是令老師佩服。」

「這位高手就是……幸助。」美虹老師故意製造緊張氣氛。

「請幸助上臺分享。」

這時大家都用難以置信的目光注視著幸助，而他不好意思走向講臺，接過美虹老師的作文簿，開始唸了起來。

「孔子老師，您最有學問，我可以問您兩個問題，幫我解決心中的疑惑?

問題一：請問孔子老師，這問題困擾我很久了，我不讀音樂班，到底學鋼琴有什麼用?

……

我懂了，謝謝孔子老師。

有了孔子老師的解惑，讓我重新思考學琴、學棋的意義，我希望能夠在舞臺演奏給大家聽，帶給大家對音樂的感動；我希望我能以棋會友，多跟小炫學習。」

大家聽完幸助的文章，覺得不可思議，孔子不是作古了嗎?怎麼會回答幸助的提問呢?而且還回答的這麼有深度，引起大家議論紛紛。

「老師，這不像幸助會寫的文章，他會不會是抄別人的文章?」小炫懷疑的說。

「還有孔子早就作古了，怎麼可能回他話，根本是假的。」

「不過有一句話是真的，跟一位超厲害的同學下棋，贏不了他，那人就是我，而且要跟我學習。」

「如果是想像的呢?」淑英替幸助說話。

「我們又沒讀過論語，哪會引用孔子的文章呢?」

「我也好奇幸助是如何寫這篇文章的，我們請幸助跟我們說。」志成好奇的問。

大家目光一齊注視著幸助，幸助害羞的低下頭來，不敢說一句話。

「就跟你們說，他是抄的，不敢說了吼!」小炫得意洋洋的說。

「幸助，不要怕，我們都想知道答案，請你跟大家分享。」美虹老師很溫柔的鼓勵幸助。

「我是在臉書跟孔子老師對話的。」幸助不好意思的說。

這時全班譁然，互相看著對方，簡直不敢相信。

「就跟你們說，他是抄的，幸助亂說話。」小炫更得意洋洋的說

「聽幸助說完嘛！」美虹老師對小炫插話很不以為然。

「是真的啦！我留有臉書訊息為證，不信的話，可用老師的電腦登入。」此時幸助為自己大聲辯駁。

由於小炫及少數同學的懷疑，在美虹老師的認可下，幸助使用電腦登入臉書後，把跟孔子的對話秀給大家看，大家都覺得很驚訝又新奇，這時小炫好像是啞巴一樣，不敢出聲，幸助秀完給同學看後，大家都給予熱烈的掌聲。

「我要在臉書跟李白成為好友，看他怎麼會寫出『床前明月光』。」

「我要跟關公成為好友，問他怎麼這麼講義氣。」

「我要跟愛迪生成為好友，問他如何發明東西？」

「我要跟釋迦牟尼佛成為好友，問他如何成佛？」

全班每個人都說出了他們心目中想要訪問的偉人，這時美虹老師說：

「很好，每一個人心中都有一位崇拜的偉人，那麼下週作文可以再補寫。」

「老師，不要啦！我們只是喜歡在臉書交朋友、問問題，不想寫作文。」小炫說。

這時全班大笑。

「知道了，老師跟你們開玩笑的。」

「在臉書交友要注意自己的隱私、安全，希望這些偉人都願意回答你們的問題，下課。」

當美虹老師說下課後，大家迫不及待想回家，在臉書跟偉人交朋友，不過似乎沒有像幸助這樣幸運或驚奇，心目中的偉人不一定願意和他們交朋友或回答問題，重點是不會有這麼深度的對話。

小炫回到家後，找到蘇東坡的臉書跟他交朋友，之後傳送訊息。

「請問東坡大師，我最愛吃東坡肉，是您發明的嗎？」小炫詢問。

結果沒多久，在蘇東坡的臉書，竟然回覆小炫訊息：

「請你多讀書或 Google 一下，當時是東坡任杭州知事，為疏浚西湖，贈送給民工的。」

「那您當時作的詩『床前明月光，疑似桌上飯。舉頭望明月，低頭吃便當』也是在疏浚西湖時寫的嗎？」

「一個昏倒的表情符號。」

之後不管小炫再問什麼，蘇東坡的臉書都沒已讀及回覆了。

「幸助騙人！」小炫在電腦面前氣憤的說。

第八章

孔子臉書

Phillies

第九章 棒球鬼系統

今天在學校上課，美虹老師在教自然課—天氣的變化，她看到今天幸助上課，跟往常有很大的不同，老師講解時，他很專心聽講，而且在抄筆記。剛好她想問問同學的想法，「根據氣象預報，強烈颱風將由臺灣東部登陸。下列哪一個地區可能最先放颱風假？(1)臺北　(2)花蓮　(3)苗栗　(4)屏東。」

小炫舉手：「臺北。」結果大家回說：「是小炫愛放假。」

小晴舉手：「屏東。」老師回說：「屏東是在南部。」

這時幸助舉手，美虹老師：「請幸助回答。」

「當然是花蓮，因為它在東部。」

「沒錯，花蓮是在東部，颱風從東部來，它首當其衝，幸助答對了。」

「老師，幸助是不是被颱風吹走過，這麼瞭解天氣與地理關係。」小炫酸葡萄的說。

「只聽過牛頓被蘋果砸到，發明萬有引力，沒聽過被颱風吹走。」志成不解的說。

幸助在複習功課時，狄仁寧用Google地圖、地球、街景，帶他去全世界瞭解地理及歷史人文，當然也包括了整個臺灣地圖，所以這題對他來說很簡單。正當老師在講解天氣的變化時，突然校長帶著鬼婆婆經過六年七班教室，大家看到鬼婆婆都尖叫喧嘩。

「大家安靜！老婆婆是客人，要有禮貌。」美虹老師大聲喊著，聲音蓋過班級的喧嘩聲。

接下來校長帶著鬼婆婆進入教室。

「請問幸助同學及淑英同學，是哪兩位同學，請站起來。」

這時同學大都心裡有數，鬼婆婆應是來答謝他們兩位，幫她送醫治病的事。

「老婆婆今天到學校來，說是要感謝幸助及淑英，他們兩人救了她一命，我們掌聲鼓勵，謝謝他們兩人幫助老婆婆，請到臺前來。」

於是幸助及淑英走向臺前，鬼婆婆拿出手中的禮物，送給幸助及淑英，大家都抱

以熱烈的掌聲。

「不知道要怎麼謝你們，我聽醫院的護理師說可以買手機送你們，但不知什麼樣的手機是好的，所以請護理師幫我買了兩支手機，送給你們。」

大家都用羨慕的眼光看著他們，鬼婆婆把手機交到幸助及淑英手上，但他們都不好意思接受。

「幫老婆婆送醫是我們應當的，不應該收取這貴重的禮物。」淑英謙虛的說。

「對，我也不好意思收。」幸助也附和說。

「我要我要！」小炫在臺下自言自語，但沒人理他。

由於老婆婆是獨居老人，有人願意幫她，她非常感動，非常執意要請幸助及淑英收下，美虹老師看到雙方僵持不下。

「這樣好了，我們也不能辜負老婆婆的一番好意，一支手機請老婆婆拿回去，一支手機留給班上同學，但請小蜜、小晴及有興趣的同學要教老婆婆使用手機，在這學期結束時，老師要驗收成果。」

老師也知道小蜜及小晴，在網路購物時受到詐騙，為了補償及鼓勵她們，才出此計策，這時聽到全班歡呼聲，此起彼落。

小炫說：「我也要去鬼婆婆家。」

志成說：「我也要去。」

「最好晚上去，不要遇到什麼鬼東西，到時候又先跑掉。」淑英調侃的說。

小炫、志成及智穎三人苦笑著，一隻黑烏鴉從他們頭上飛過去，還帶來三條線。

星期六的下午，幸助已經練了好久的哈農了，音階及手指的配合已經熟練，因為手指也站挺，也不會有糊掉的音，於是他跟狄仁寧在臉書聊了起來。

「已經練了好久的哈農了，手指已經熟練了，可以換別的嗎？」

「差不多了，今天可以開始練徹爾尼，它可以更加訓練你練習手指的靈活度及視譜，是很好的教材。」

「可是快沒時間了，而且練徹爾尼有點無聊。」

「請不要小看徹爾尼簡單而無聊的曲子，卻是造就你往後高超技巧的基礎，請把徹爾尼手指靈活、音色及音量，融入在小星星變奏曲，小星星中第一、二及十二段變

奏快速音群，因為你彈的音很容易糊掉，使得旋律變樣，感覺星星撞在一起了。」

幸助只好照狄仁寧的話，隨便選了一首徹爾尼來練，音律果真糊掉，讓狄仁寧教的有點力不從心。

「幸助，你練的那麼辛苦，進步很慢，為什麼還喜歡鋼琴呢？」

「雖然找不到好方法克服我的學習障疑，但我喜歡站在舞臺上，把音樂旋律的美，透過我心裡的感受，彈奏給大家聽。」

「佩服你，如果我的學習沒有達到預期目標，我可能會被淘汰。」

「淘汰?你的壓力比我大多了。」

「真的，我就被淘汰一次。」

「二十四歲失業，又沒什麼關係。」

「你不懂，比這個嚴重，好了不說了，現在試試你的視譜能力。」

幸助只好照狄仁寧的話，選了一首徹爾尼直接視譜來練，常有停頓、彈錯及音色、音量處理不均衡，透過這虛擬眼鏡及智慧手套，彈錯音、節拍不對或力度不對，錯誤的音、節拍或力度就出現在前方譜的地方，用不同顏色標示，再練習前仔細觀看這些錯誤的地方，第二次練習就可以到達70%的準確，第三次可以到達80%的準確，愈練不只琴譜、音色、音量的準確度愈來愈高，連手指靈活度也愈來愈好。

「再來我們開始練習小星星變奏曲。」

「這樣如何？」

「嗯，音聽起來乾淨多了，進步許多，看起來這套體感鋼琴實境程式及設備，我們公司投資是對的，你練習的數據，也會傳給我們公司做為上市前改進的地方。」

「那有獎勵嗎？」

「你要什麼獎勵呢？」

「明天要跟同學打棒球，可以幫我，做為獎勵。」

「好像中了你的圈套。」

「哪有那麼嚴重。」

「想打全壘打嗎？」

「當然想，可是我身材瘦小，打出全壘打，太難了，有安打就滿足了。」

「只要戴上虛擬眼鏡及智慧手套，再加上我寫的超級棒球軌系統，一定讓你投打樣樣行。」

「什麼棒球鬼系統？」

「我暈倒了，是軌跡的『軌』，能預測球的軌跡系統，有這套程式，不怕你不打，只怕你打太用力，飛太高打破窗戶。」

「吼，真是的，說到打破窗我就氣，上次就是因打破窗戶被爸爸媽媽訓了一頓。」

「可憐的幸助，不過那窗戶破的好。」

「少幸災樂禍，不過這次不會打破窗戶了，因為地點改了。」

「我才不是幸災樂禍。」

「最好是。」

「不行，我頭又痛了，你自己練鋼琴吧！」

「活該，誰叫你幸災樂禍。」

星期假日，幸助班的同學及朋友，都到中正公園打棒球，決定五局定勝負，他們猜拳分成兩隊，但剛好幸助那隊，身型及球技都是比較弱小的，他們分別選出小炫及幸助為隊長，小炫為紅隊先攻；幸助為藍隊先守，幸助擔任外野手，而小炫是投手。第一局第一棒為志成，在二好一壞後，擊出一個滾地安打；第二棒輪到小炫，在一好一壞後，擊出一個高飛二壘安打，志成跑到三壘準備得分；再下來輪到智穎，他一上場就擊出一個左外野高飛球，在超級棒球軌系統的幫忙下，幸助從虛擬眼鏡，可以清楚看到整個球拋物線的預測，透過配合智慧手套的帶動，就接殺了這球。

「可惡，要得分了，竟然被幸助接殺出局。」小炫抱怨的說。

接下來，被打出一壘犧牲球，被快速傳一壘後封殺了跑者，但志成跑回本壘得分，再來紅隊打出二壘滾地球，傳一壘後封殺了跑者，就結束了一局上半，紅隊得一分。

一局下，小炫為投手，藍隊第一棒在小炫的快速球下，結果被三振，第二棒一樣被三振，輪到第三棒幸助，又在超級棒球軌系統的幫忙下，投手一投出球，在幸助的虛擬眼鏡中，可以補捉球路、球軌並即時呈現棒球進壘點，由智慧手套有無發出的震動，來告訴他是好球或壞球，第一球壞球，第二球壞球，第三球壞球，最後第四球，又是壞球保送。

「幸助，好會選球，竟然被四壞保送。」小炫不服氣的說。

但不幸的，下一棒打成一壘滾地球，被封殺出局，藍隊沒得分。紅藍兩隊就這樣，每局以些微差距比賽，前兩局全部掛零，第三局紅隊又得一分，第四局紅隊又得一分，第五局上半在兩人出局後，一、三壘有人，輪到小炫打擊，第一球直球是好球，小炫沒有揮棒，第二球是內角壞球，小炫又沒揮棒，第三球是一個內角好球，小炫大棒一揮，這球飛得好高，幸助從眼鏡中看到它的落點在後面，大步的往後跑，球快到飛出全壘打界線時，說時遲那時快，剛好接殺這球。

「怎麼會這樣，這不是三分全壘打嗎？」小炫好嘔。

紅隊都安慰小炫，而藍隊大家都擊掌，幸助這球接的漂亮。最後半局的反攻，在兩出局後，紅隊的投手及守備有點鬆懈。

「哈哈哈！藍隊快輸了。」紅隊歡呼著。

五局下換到藍隊打擊，在小炫的好投下，第一位打出滾地球，球傳到一壘被封殺出局；第二位在二好三壞下，小炫投一個內角好球，藍隊打擊者被三振出局。在兩人出局後，小炫驕傲的說：

「還要再打嗎？我們準備迎接勝利！」

這時紅隊亢奮了起來，小炫投球及守備就有點鬆散，接下來藍隊打出中右外野滾地球，球傳到一壘竟然漏接，讓跑者站上了二壘；接下來藍隊打成中外野高飛球，大家以為中外野守會接殺出局，沒想到竟然沒接到球，讓藍隊分別站上一、三壘。接下來輪到藍隊第二棒，是藍隊較強的，所以小炫故意投四壞保送，形成了滿壘，因為下一棒是幸助，他是弱棒，今天都因選球而保送，所以小炫覺得可以輕易解決幸助。

在兩人出局滿壘的情況下，小炫投出第一球直球好球，但幸助未揮棒，第二球偏外角壞球，幸助還是未揮棒，形成了一好一壞，這時大家屏息以待，小炫接連投出兩個壞球，幸助還是不出棒，這時小炫再投出好球，幸助仍然未揮棒，形成了二好球三壞球，藍隊都為幸助捏把冷汗。接下來小炫以為幸助會選擇不打而保送，而幸助其實在虛擬眼鏡的幫助下看的清清楚楚，他是故意要讓小炫氣力用盡，再狠狠一擊。

二好三壞下，小炫投出這球，果真如幸助所猜的，一個正中心的甜蜜速球，但已經變成慢球，他從虛擬眼鏡中知道投球的軌跡到進壘點，此時他大棒一揮，「碰」的一聲，球飛的好高，越過中外野再到全壘打界線，直接飛出了公園，一個特大號全壘打，而且是四分打點的全壘打，藍隊一起歡呼著，大家都好高興，藍隊反敗為勝！這

時紅隊大家都很氣餒，尤其到手的勝利竟然飛了，而且敗在這前四局都掛零分的藍隊，好沒有面子。

「幸助打到我失投的球，實在是太幸運了，要不然藍隊也不會贏。」小炫氣餒說著。

「沒錯，要不是我們太輕敵，他們早就打包回家了。」志成附和說著。

「今天才知道球是圓的，不到最後關頭，不知勝負。」智穎說著。

這時幸助看到頭低低氣餒的小炫，心中想起之前他去撿球被警衛抓走的心情是一樣，就過來安慰小炫說：

「小炫，你投的球真的很難打，今天真幸運打到你的球，我們約定時間再比一次，你說好不好？」

小炫抬起頭來看著幸助，點點頭認同幸助的看法，這時幸助舉起右手，示意小炫也舉起右手，兩人擊掌是君子之交也是約定，大家看了小炫與幸助的擊掌，紅隊隊員及藍隊隊員也相互擊掌，留下他們球賽的友誼見證。幸助回到家後，趕快跟狄仁寧分享喜悅說：

「狄哥哥，謝謝你幫忙，贏球了。」

「恭喜你打出全壘打！」

「你都知道了喔！不好玩。」

「從你的虛擬眼鏡及智慧手套傳回來的資料，我當然知道。」

「我很會選球吧！」

「等一會兒我想研究傳回來的資料，看看如何改良虛擬眼鏡及智慧手套，才不會讓你都四壞保送。」

「狄仁寧，你給我記住！」

期中考的日子終於來到，幸助利用互動虛擬實境的學習，他自己愈讀愈有趣不再是死記，不知不覺愛上了念書，並且認真的複習，讓他期中考試相當的順利。考完後美虹老師發考卷，並統計完分數，跟全班宣布前三名後，美紅老師站在臺上，跟大家鄭重的說：

「我們班最近有一位同學，功課進步很多，同學知道他是誰嗎？」

大家就一直猜，有人說是小炫，也有人說是小蜜，但是就是沒有猜幸助，這時老師說：

「都不是，這次最佳進步獎是幸助，他從每科平均70幾分，進步到平均90幾分。」

臺下一陣譁然，大家七嘴八舌議論紛紛，沒想到竟然是幸助。

「老師，幸助最近棋藝、功課進步那麼多，真的被颱風吹到。」小炫開玩笑的說。

在全班的笑聲中，幸助上臺接受美虹老師頒發給他的最佳進步獎。

「既然大家都沒猜到是幸助，我們現在請他分享如何做到的。」

幸助一時講不出話來，在講臺上摸摸頭，不好意思的說：

「沒有啦！像社會科教城市地理與特色時，當我念不下書或者背不起來時，我就想像去那邊遊玩一樣，很快就記起來了。」

「去玩，怎麼想像？」

「我是用電腦查詢 Google 的地圖、地球及街景服務，感覺跟真的一樣。」

「那 Google 查得到印度，去印度玩嗎？」

「全世界都可以。」

「那你有到印度，跟釋迦牟尼佛講過話嗎？」小炫好奇問。

「沒跟祂說話，在 YouTube 影片中及維基百科，有介紹釋迦牟尼佛出生地，還有祂轉法輪、成道及涅槃……，故事很精彩，包你忘不了。」

「這樣是可以牢記沒錯，可是很花時間，也不可能每一次都這樣做。」

「其實最主要還是上課認真聽老師講解，再配合勤做筆記。比較不容易記牢的事，如果想要瞭解整個故事，才用 Google 搜尋，找出事情／故事完整性或延伸教材，方便思考與記憶，還有均一教育平台及 PaGamO 遊戲學習平臺，可以像玩遊戲的測驗來攻城掠地喔！更能瞭解自己不會的地方。」

幸助拿出他的筆記，密密麻麻的框框，旁邊像樹枝關聯到問題，還有方便記憶的口訣。

「這是什麼東西？像一棵樹一樣。」志成好奇的問。

「這是心智圖。」

當大家聽完幸助的解說，臺下同學一片譁然，不得不佩服幸助的方法及用功，這學期他好像變成另一個人，這時老師請大家給幸助掌聲鼓勵，並且說：

「幸助上課認真抄筆記，而且筆記有他的祕訣，像心智圖、容易記憶的口訣，以及利用玩遊戲的測驗改進他學習的弱點，這是他得到進步獎的原因，希望大家能效法他。」

幸助全家吃晚飯時，媽媽問今天期中考成績考的如何？原本媽媽覺得只要不退步就好，因為期中考前，都是幸助自己自修念書，沒想到幸助拿出他每科幾乎九十分的成績單，讓爸爸媽媽嚇一跳，此時媽媽既高興又懷疑的說：

「幸助你真的太棒了！真的是靠你自己嗎？」

「嗯，謝謝媽媽信任我，讓我自己自修、擬定讀書計畫，讓我得到最佳進步獎。」

「幸助，媽媽對不起你，媽媽原先是覺得太累了想放棄了，也避免破壞我們的親子關係，本以為你會退步，沒想到居然還得了最佳進步獎。」

「不是爸爸不相信你，但我很好奇，有什麼念書方法，讓你進步這麼多？」

幸助如同在學校分享給同學的讀書方法，一五一十告訴爸爸媽媽，把如何上課專心做筆記，以及回來用上網查詢功課，讓自己身歷其境加深印象記憶，但是他並沒有提及這是狄仁寧教他的。爸爸媽媽聽完後，兩人都給幸助愛的抱抱，幸助真不敢相信，第一次學校考試被爸爸媽媽讚美，此時的幸助感到很高興、很幸福。

1 Hacker

第十章
非死不可

facebook

期中考考完後，小蜜、小晴約幸助、淑英、小炫及志成到鬼婆婆家，去教鬼婆婆使用手機，鬼婆婆知道小朋友要來，一早就跟土狗阿旺在門口等候，阿旺看到陌生人，馬上發揮牠的看家本領，汪汪汪幾聲，讓大家有點害怕。

「不要叫，再叫就不給你東西吃！」鬼婆婆訓斥著阿旺說。

說完也真奇怪，阿旺就不叫了，這時小炫勇敢試著去摸牠的頭，阿旺反而一開始用舌頭去舔小炫的手，然後牠身體稍微往後退，看起來有善意但有點害怕，之後才慢慢讓小炫摸頭，看到小炫成功後，大家就一起去摸摸阿旺的頭，然後把帶來的狗飼料餵牠，很快跟牠成為朋友，牠尾巴也搖來搖去，像是歡迎大家。

進到屋子裡，鬼婆婆倒水給大家喝，原先大家有點拘謹，這時小蜜開口說話。

「老婆婆，謝謝您送我們手機。」

「叫我鬼婆婆、阿婆，比較親切。」

「阿婆也知道我們背後都叫她鬼婆婆。」小炫不好意思的說。

「你們今天來這裡是要來玩嗎？」

「我們老師說一定要教您智慧型手機，不然我們沒有辦法拿到您贈送的手機。」小晴說。

「憨小孩，手機本來就是要給你們，我只要會用家裡的電話就好了，手機對我沒有用，我也不會用。」

「那您有先生、小孩、親戚嗎？出門工作時可以用手機聯絡。」幸助問。

「我跟我丈夫早就離婚，有一位兒子，哎……，但已經失去聯絡，所以我才變成獨居老人。」

大家聽到這話，心裡都不捨鬼婆婆的遭遇，這時淑英開口安慰鬼婆婆說：

「那可以用手機跟我們聯絡，阿婆可以把我們當作是您的孫子。」

「嘴巴很甜，將來一定是一位甜美的小姐。」

「也可以用手機幫阿旺拍照，給我們看。」小蜜說。

「還有可以拍可怕的老鼠、晚上這間鬼屋呀……！」志成開玩笑的說。

「志成，你不怕被我們大家圍剿嗎？不過我也想看看。」小炫說。

大家作勢要追打志成及小炫。

「大家不要鬧了，我們教一下鬼婆婆怎麼用手機。」小蜜抗議。

這時大家就安靜下來，先教鬼婆婆如何開關機，這還簡單，鬼婆婆很容易就會了，之後進到手機的桌面，教鬼婆婆如何滑手機。

「您看這樣滑。」小晴用食指滑給鬼婆婆看。

結果鬼婆婆不是用力按，就點到桌面 APP 程式去執行；不然就是滑斜線，沒有辦法換頁，真傷腦筋。

這時幸助想了一下，下載了一個遊戲 APP，能夠教導鬼婆婆如何滑手機。

「就跟你們講，老人家不用手機也不會手機。」

「鬼婆婆，您玩一下這遊戲，很快就會上手。」

鬼婆婆很不想用手機，但在幸助及大家的熱情鼓勵下，勉強玩這手機遊戲，大夥兒輪流幫鬼婆婆整理環境及跟阿旺玩。過了一小時候，大家再回來看鬼婆婆，沒想到她的遊戲分數愈來愈高，還玩得很起勁。

「鬼婆婆，您已經會滑手機了，分數還那麼高，我們現在來教您打電話。」

好久沒被誇獎，鬼婆婆有點不好意思，摸摸自己的頭髮。幸助幫鬼婆婆在手機設定『簡單模式』，小晴教鬼婆婆打電話，但因鬼婆婆對頁面圖像的理解力不夠，加上又有點健忘，總是教了打電話，忘了掛電話，或者按到聯絡簿後，不知如何回去打電話的地方，還好他們來之前在網路上有下載使用說明，只好先讓鬼婆婆多試幾次。

「鬼婆婆，您認識字嗎？」

「認識，雖然小學畢業，但我看電視、報紙的字，都沒問題，我還會寫字。」

「那這樣就可以跟我們玩 Facebook。」

「啥米？『非死不可』？夭壽，不要，我不玩那個會『死』的。」

「不是『非死不可？』，您可以稱它為臉書。」

結果大家多笑了出來。

「害我嚇一跳！」

「在臉書中可以交朋友，分享照片、短文，大家看到後，會給您留言、按讚喔！」

「老人家不用這個，只要你們常來婆婆這裡，我就很高興了。」

「鬼婆婆，先試試看，說不定在臉書，可以找到您的兒子。」幸助為鼓勵鬼婆婆，故意跟她開的玩笑。

「有這麼厲害，還可以找到我兒子，好啦，我來玩玩看。」

「鬼婆婆，我們要設定您的名字、生日、學校。」

「你們都叫我鬼婆婆，名字就叫鬼婆婆就好了，我是就讀『龍鳳國小』。」

大家一聽到「龍鳳國小」，都叫了起來，因為校長要邀請校友在慶校時回母校，而鬼婆婆看到大家驚慌大叫，也覺得很奇怪。

「跟你們讀同一所小學，有這麼奇怪嗎？」

「請問鬼婆婆的生日。」

當鬼婆婆說出她的出生年月日時，大家屈指一算，都驚呼的說，鬼婆婆竟然是第一屆的校友，好像中樂透一樣高興。

「是你們要請我跟你們一起過生日，這麼高興？」摸不著頭緒的鬼婆婆。

「不是啦，您是我們第一屆校友，我們校長要邀請校友回母校，我們能找到第一屆校友，很高興。」

「原來如此，害我嚇一跳。」

於是幸助他們商量，要把這件事告訴老師，請校長邀請她來參加五十週年校慶。

「我還有國小畢業照，你們要看嗎？」

「當然要看，而且這還是證據。」

鬼婆婆拿出一張塵封已久的相片，大家都在猜鬼婆婆是在相片中的哪一位？

「是這位，在照片中央。」

「我也覺得是。」

「應該是這位，在照片最右邊這位。」

結果大家都沒猜中，當鬼婆婆指到相片中的一位小女生，大家都覺得好清秀，跟現在滿臉皺紋差太大了。

「小蜜、小晴、淑英，原來妳們老了，也會變成這樣。」小炫開玩笑的說。

結果引起公憤，大家一起罵。

「好膽賣走！（台語）」

「喂，大家靜下來，我們今天是要來教鬼婆婆使用手機，不是來吵吵鬧鬧的。」淑英說。

這時大家又安靜下來，先教鬼婆婆拍大頭照，大家與鬼婆婆一起扮鬼臉，用手機自拍，然後貼到臉書，標題：鬼婆婆的第一次自拍！大家踴躍按讚及留言。

小炫留言：「好恐怖的鬼婆婆！」一個哇的表情臉。

鬼婆婆回覆：「再不與鬼婆婆交朋友，要小心喔！晚上我會到你夢中跟你打招呼。」（原來這是志成幫鬼婆婆回覆的留言）

這時大家一起在臉書推薦好友給鬼婆婆，許多班上同學有臉書帳號，都跟鬼婆婆成為好友。

「鬼婆婆，這是手寫板，您可以手寫字在這裡，還有也可用麥克風語音輸入。」

在鬼婆婆試了許久後，還是有時找不到如何切換，寫字有時寫太慢，又被手機誤判，語音有時口音問題不準確，只好又留下操作手冊，以編口訣方便她記憶，請鬼婆婆多加練習慢慢熟悉。

「鬼婆婆，每天多玩幾次手機，也可以防止老人癡呆喔！」小炫開玩笑的說。

「小炫，你又討打！」小蜜生氣的說。

大家就這樣在吵吵鬧鬧下，夕陽也緩緩下山，大家就跟鬼婆婆合照，然後讓她把這張照片，自己一步上步上傳到臉書，之後大家就回家了

沒想到吃完飯後，鬼婆婆個人臉書，除了合照分享外，自己還更新個人檔案，而且讓大家跌破眼鏡，鬼婆婆不僅會使用臉書了，更是會利用臉書當作個人的宣傳。

封面相片：資源回收 愛地球（資源回收的標誌）

大頭照：慈祥的婆婆（用美肌年輕自拍照，竟然沒皺紋）

學歷：社會大學 環境保護系

工作：愛護地球公司 執行長

住址：龍鳳國小附近

興趣：資源回收嚇小朋友

喜歡音樂：虎姑婆

喜歡書籍：鬼婆婆 即將出版

喜歡電影：魔法阿媽

暱稱：鬼婆婆

喜愛佳言：家有一老 如有一寶！

口頭禪：叫警察來抓你！

於是大家在鬼婆婆的臉書，又留言又按讚。

淑英留言：「鬼婆婆，太厲害了，現學現用！」

幸助留言：「鬼婆婆，我要轉貼這張照片，真的好棒！」

小蜜留言：「鬼婆婆，真的好厲害，我們要加油了！」

志成留言：「鬼婆婆，是我的偶像！」

小晴留言：「鬼婆婆，也是我們的偶像！」

沒想到在小炫留言貼上一張在鬼屋晚上的照片，小炫與鬼婆婆及阿旺的合照自拍，大家終於瞭解真相，原來是小炫又回去鬼婆婆那裡，自己耐心教鬼婆婆的，大家又是一陣的討打聲，這時受不了大家的圍攻，只能在臉書留言求饒。

「這次真慘，我的好心被大家唸到『非死不可』！」

第十章

非死不可

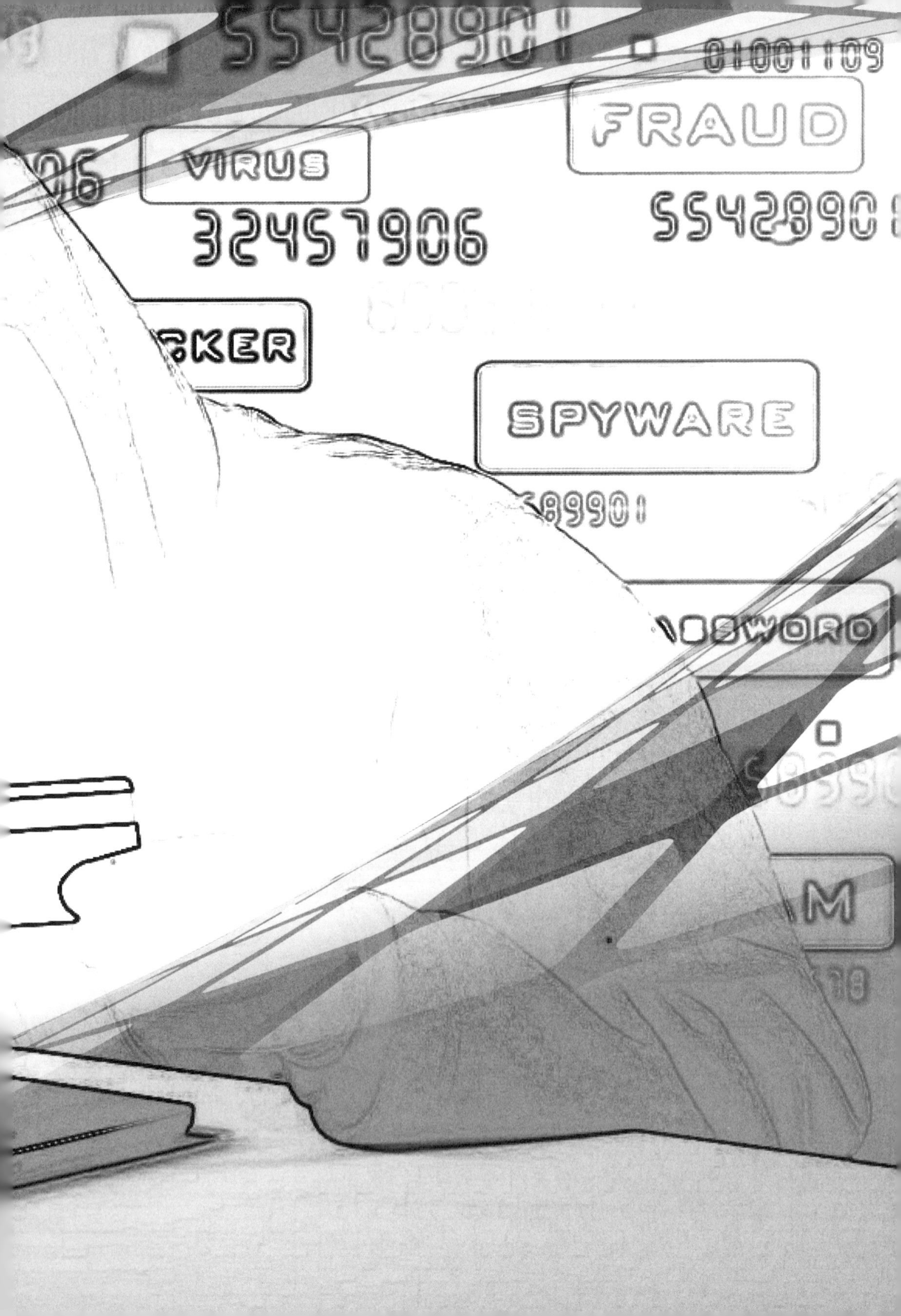
55428901
01001109
FRAUD
VIRUS
32457906
SPYWARE

第十一章 網路詐騙

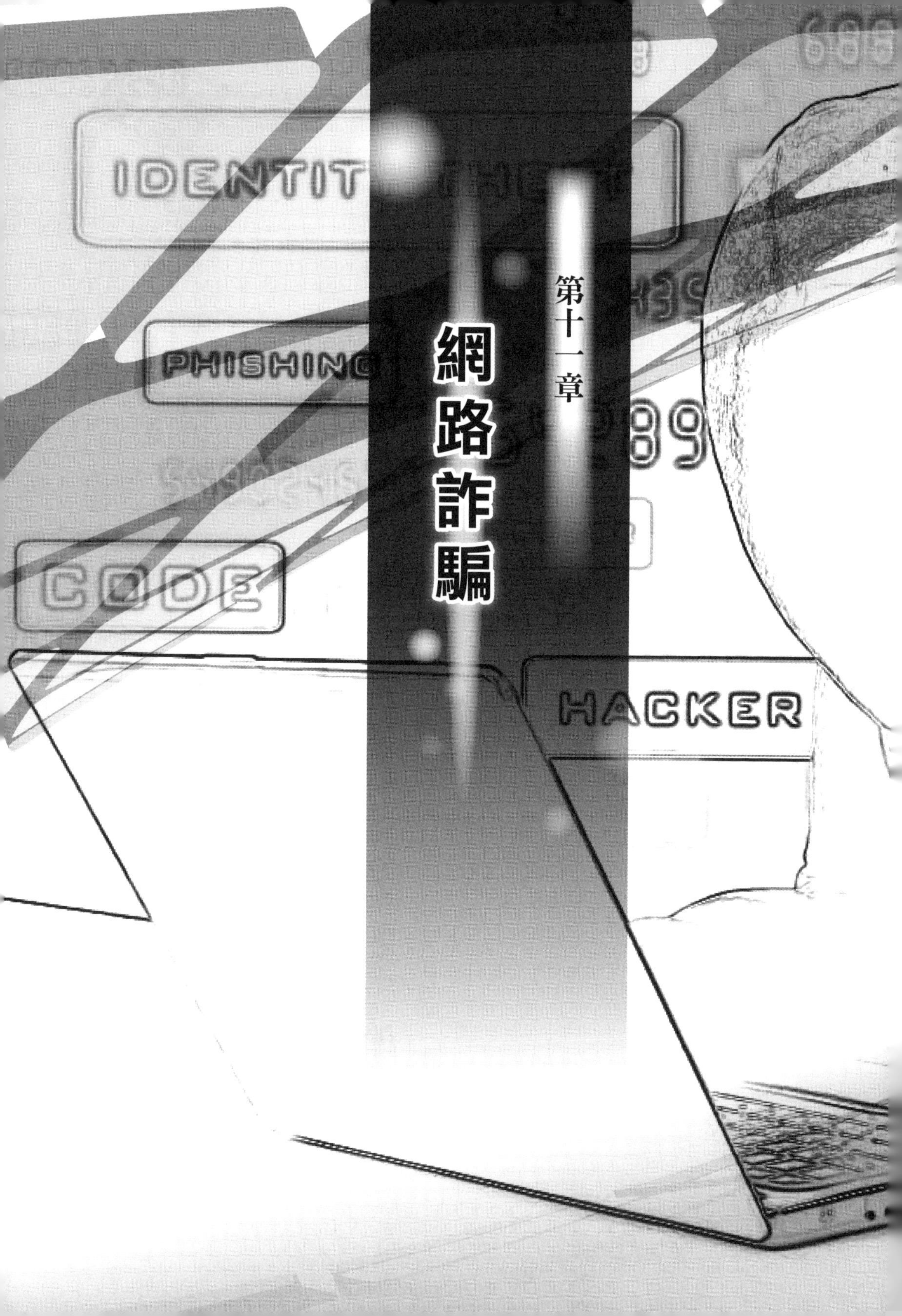

小炫自從交了郭大俠，還有朋友的朋友，他的貼文按讚的次數日增，而且郭大俠果然是個按讚大俠，每一則小炫的貼文，他都會幫他按讚，雖然在臉書吵不贏淑英，但現在他很得意，像是臉書的人氣王，就在他臉書上有光得意洋洋時，卻發生一件事，他們班的同學，紛紛收到小炫的臉書私訊，首先志成先收到私訊。

「志成，有一件事不知該不該說？」

「小炫，你什麼時候這麼客氣？」

「最近在玩線上遊戲，我急著闖關，請你幫我去便利商店，買線上遊戲點數三千元，之後給我點數卡序號及密碼，等我這星期拿到零用錢，馬上還你。」

「我哪有那麼多錢，你當我是富少爺，像智穎一樣？」

「你有多少錢借我？」

「我辛辛苦苦，只存一千元左右的零用錢。」

「那統統借我吧！現在幫我去便利商店買，然後給我點數卡序號及密碼，謝謝！」

「好，要記得還我錢喔！不然下次不借你。」

「智穎，ㄋㄧˇ最好心了，有一件事想請你幫忙。」

「小炫是低年級生喔！還在用注音，有什麼事儘管說。」

「最近在玩線上遊戲，我急著闖關，請你幫我去便利商店，買線上遊戲點數三千元，之後給我點數卡序號及密碼，等我這星期拿到零用錢，馬上還你。」

「這有什麼問題，但要加利息一百元喔！」智穎好會做生意，還加利息。

「沒問題，現在幫我去便利商店買，然後給我點數卡序號及密碼，謝謝！」

「我待會兒寫完功課就會去買。」

「小蜜，我換手機了，沒妳的電話號碼，妳手機號碼多少呢？」

「上次在教室就給過你我的手機號碼了，你還抄在國語課本上。」

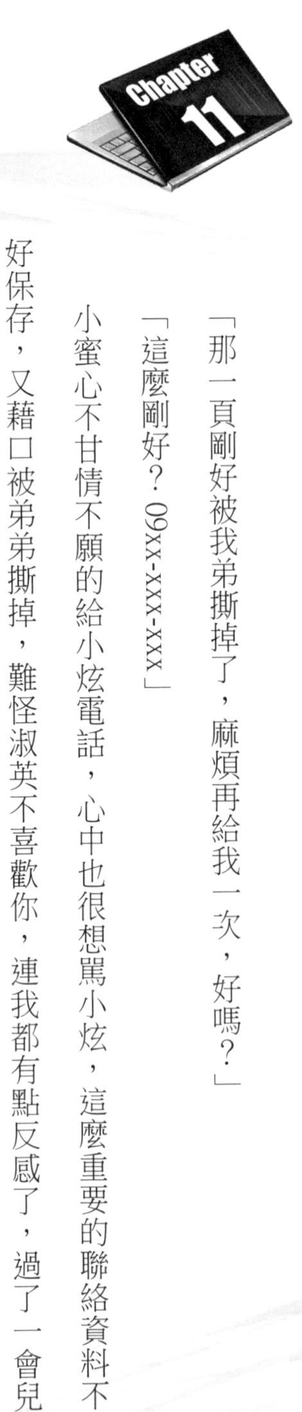

「那一頁剛好被我弟撕掉了，麻煩再給我一次，好嗎？」

「這麼剛好？09xx-xxx-xxx」

小蜜心不甘情不願的給小炫電話，心中也很想罵小炫，這麼重要的聯絡資料不好好保存，又藉口被弟弟撕掉，難怪淑英不喜歡你，連我都有點反感了，過了一會兒，小蜜又在臉書訊息收到小炫的留言。

「新手機的 LINE 無法正常使用，需要好友輔助驗證，用妳的手機幫我接收一下簡訊解鎖。」

「好啦！下不為例。」

果然，一會兒小蜜就收到簡訊 LINE 四位數的認證碼，再回覆給小炫這認證碼。

這時幸助回到家，也是打開電腦登入臉書，突然收到小炫的訊息。

「幸助，好久沒跟你聊天了。」

「對呀！你都不找我，有什麼事嗎？」

「想跟你借點錢？」

「我還以為圍棋要改時間呢？多少錢？」

「最近在玩線上遊戲，我急著闖關，請你幫我去便利商店，買線上遊戲點數三千元，之後給我點數卡序號及密碼，等我這星期拿到零用錢，馬上還你。」

幸助覺得奇怪了，小炫很少會跟他在臉書發訊息，而且發話不像小炫平常說話的口氣。

「什麼？三千元，這麼多錢？你也玩太大了吧！」

「死黨，拜託你啦！我需要買寶物及武器來增強我的實力，不然我辛苦闖關的遊戲，很快就被人追上了。」

幸助心想，他哪是小炫的死黨？連上次打破窗戶，大家都跑掉，也沒通知我，怎麼可能會是死黨。

「你今天怪怪的耶？可是我的零用錢很少，沒有多少可以借了，我手上只有十元。」

「不會吧！你那麼窮？」

「不過如果你真的急需用錢，我可以殺掉豬公仔，大約會有一千元。」

「一千元也好，現在幫我去便利商店買，然後給我點數卡序號及密碼，謝謝！」

有了上次小蜜及小晴被網路詐騙事件，加上今天小炫網路談話怪怪的，於是他轉而問了狄仁寧。

「我有同學要我買遊戲點數，可是在臉書談話怪怪的，他的口氣不像平常那樣，真是奇怪？」

「電腦、手機的文字，不像對話有真實的聲音，比較難辨別是否是本人，如果平常很少跟你私訊，而且文字的口氣與平常不一樣，尤其一開口就要借錢，那就要小心求證，最好打電話給本人證實，可能帳號被盜用。」

「嗯！我也這麼想。」

「唉！真是糟糕，最近身體愈來愈不好。」狄仁寧突然插進這句話。

「感冒還沒好嗎？」

「如果有一天，我不像是原來的我，也麻煩你證實一下。」

「宅男個性會變嗎？難道交女朋友了嗎？」

「不要對生病的人開玩笑，只會惹來罵聲而已。」

「好了啦！保重身體，記得有空要多運動。」

「我最不喜歡運動了。」

「那我只好每天提醒你了。」

跟狄仁寧請教完後，幸助就打電話給小炫，電話的那頭，小炫接說：

「唉唷不得了！幸助，什麼風把你吹來，你怎麼會想打電話給我？」

「我還正想問你，為什麼會在臉書傳訊息給我？」

「少騙我了，你是跟鬼說話嗎？我沒有啊？」

「真的假的？你玩網路遊戲，跟我借錢買點數。」

「別開玩笑了，我不可能向你借錢買點數，是不是下星期要比賽圍棋，怕了吧！用這藉口打電話，要我放水嗎？」

「小炫，如果是這樣，你的臉書帳號，一定有他人使用，或者已被盜用，你要不要查一下。」

這時小炫不耐煩的用手機登入臉書，但都登入不了，顯示密碼錯誤，讓他嚇了一大跳，這時他才清醒過來說：

「幸助，糟糕了，我的帳號真的被盜用了，不用買點數給我，我不需要。」

說完後，小炫立即掛完電話，找爸爸幫忙如何取回被盜的帳號，而此時幸助得知小炫臉書帳號被盜用，緊張的趕快又來請教狄仁寧：

「狄哥哥，果然你猜的沒錯，小炫的臉書帳號被盜，我想要教訓這位盜用者，教我如何做。」

「幸助，我可以用我感冒的病毒，傳染給這壞人嗎？讓他也嚐嚐這痛苦。」

「好呀！教訓教訓他，可是人的病毒，可以傳給電腦嗎？」

「哈哈，開玩笑的，我找一下病毒檔，你說這是遊戲的卡號及密碼，上傳至你的加密網站，卡號要倒著看，只有按了這網站連結就可以知道，等他一按就中毒了，以其人之道，還治其人之身。」

「嗯，就這麼辦。」

雖然幸助有點害怕與這盜用者對談，但不給他一點教訓，心有不甘，於是在臉書中發訊息。

「剛跑去我家附近的便利商店買好了，為了保密起見，我把這點數卡序號及密碼，放在我上傳的加密網站上，你點以下網址就可以知道，序號的英文是要倒著寫的，因為我怕寫出來後被人盜用。」

「網址呢？」

「網址：https：//xxx.xxx.xxx.xxx/game。」

這盜用者相信幸助的話，他點進網址後，果真看到點數卡序號：yug-dab-era-uoy 及密碼：110，但盜用者不知他已中了幸助的詭計，他的電腦已經中毒了，這時這壞人還真的照幸助的指示，一個字母、一個字母倒打著，然後出現：「you-are-bad-guy」，打完後，這時駭客才恍然大悟。

「可惡的小鬼，竟然騙我罵我，不要被我抓到，不然你就完蛋了。」

此時，小炫在他爸爸的幫忙下，用防毒軟體掃毒，再去臉書申請忘記密碼的方式，重新要回臉書的帳號，登入後立即更改密碼後，沒想到駭客留下的訊息交談，受害的同學不少，他只好快速回訊息或打電話，才停止了這場詐騙，不過小蜜的疏於防範，也差點成為詐騙犯。

「小炫，可是我剛才幫你解鎖 LINE 的四位認證碼，怎麼辦？」

「我爸爸說，要跟 LINE 檢舉通報，避免妳的帳號被盜用。」

「那我得趕快了，不然會像你一樣，變成詐騙犯。」

「記得還要通知妳 Line 的朋友。」

「知道了，被你害慘了！」哭哭的表情符號。

「*#$@%&」

隔天到學校時，許多同學議論紛紛，大家都說被小炫給害了，上次臉書傳播病毒，這次在臉書訊息詐騙同學，還好幸助的警覺性高，沒有讓大家被騙，但有部分同學已經買了遊戲點數。

「小炫，怎麼辦，已經買了遊戲點數了?」

「志成，我也不知道怎麼辦，又不是我詐騙你，況且我也是受害者。」

「不能這麼說，是你沒把臉書帳號管好，害大家被騙。」

「害我買了三千元的遊戲點數，應該還要加計利息一百元給我。」智穎生氣的說。

「你們買了，不會自己玩嗎?」

就在大家吵的不可開交時，幸助想到一個主意。

「那就上網拍賣吧！把拍賣所得還給受害同學。」

「好主意，可是拍賣之後，價錢會較低，差價誰賠？」

「當然是小炫賠，難道我們賠嗎？」智穎生氣的說。

「對，沒錯，我們好心幫忙才被詐騙，應由小炫賠這差價。」志成也附和。

在同學的責罵下，小炫終於妥協了，雖然他願意承擔這差價，但兩次對資安防範不周，害了班上同學，似乎救不了他的信譽。

第十二章 直播抓賊

「奇怪，最近我們班網路購物被詐騙，連上網也被詐騙，真的很倒楣。」幸助心中忿忿不平的問狄仁寧。

「我有預感，還會有更糟糕的事。」

「那怎麼辦？」

「當然想辦法解決囉！」

「有你在，我當然放心，萬一你生病找不到你時，怎麼辦呢？」幸助故意這樣問，表示他很信任並依賴狄仁寧。

「假如我生病找不到我，又真的遇到問題時，請找我的老師，他是虛擬大學教授，一定可以幫忙。」

「什麼什麼叫獸，會叫的野獸嗎？」幸助故意開玩笑的問。

「真是的，現在這種情況，你也要開玩笑，我怕你忘了，直接印到你的琴譜背面好了，把你印表機打開，琴譜放好。」

「反正我是用不著的，其實我最在意是沒有狄哥哥的照片，都不知道你是誰？」印表機印出後，幸助匆匆一瞥，根本毫不在意，就收起來了。

「哈哈哈，我很宅的，不喜歡給人相片。」

「萬一以後在路上真的碰到狄哥哥，也可以跟你打聲招呼。」

「哈哈哈，那可能性更低，我除了工作，也都宅在家的。」

「那有機會跟你見面嗎？」

「哈哈哈，你不怕我是壞人，把你綁走？勒索你爸爸媽媽嗎？」

「說真的，我想過這件事耶，可是你幫我那麼多的事，要害我早就下手了，為什麼要等到現在。」

「幸助，那可難說？不一定，我為了取得你更多的信任，我才會幫你那麼多，等時機成熟大撈一筆也說不定。」狄仁寧半開玩笑的說。

「可是我也有幫你，做為你研究青少年的遊戲及學習的對象，所以你沒有理由要

害我，況且我家經濟小康而已又不是有錢人。」

「所以我們在網路上相互幫忙，不就可以嗎？況且我感冒，都還沒好，不想外出。」

幸助心想，狄仁寧看起來不想見面，不如想個理由，讓他願意見面。

「好啦！你不想見面就算了，至少要去運動，身體才會好。」

「再說吧！」

「對了，你不是有預感，我們還會遇上詐騙，不如我們主動出擊去抓詐騙犯，讓壞人被繩之以法，這樣我們就不會再遇到了。」

「算你聰明。」

「那就從小炫臉書帳號被盜，你不是讓詐騙犯也中毒了嗎？還有更進一步的消息嗎？」

「嗯，差點忘了，讓我查查看，那你也查查看，網購詐騙的狀況，我們分頭進行。」

幸助按照狄仁寧的交代，用上次網購詐騙的大頭貼用 Google 圖片搜尋，什麼都沒有發現。

「唉！網購詐騙賣主不再用這大頭貼了。」

「等等，是中樂透了嗎？竟然在駭客的電腦中，發現一模一樣的大頭貼，而且同一個目錄還有其他的大頭貼。」狄仁寧驚訝的說。

「難道，網路詐騙及網購詐騙賣主是同一人？給我其他大頭貼，我來查查看。」

狄仁寧把其他照片傳給了幸助，幸助一一從Google的圖片搜尋。

「狄哥哥，你看，其中一張大頭貼，有兩筆網購賣主的資料。」

「打開看看，有什麼不同。」

「其中一筆，跟小蜜、小晴網購是相同的手機商品，都是低於市場半價手機，但已不是在Y購物平臺，而是轉換到L購物平臺。」

「怕被查出來，所以轉換購物平臺，另一筆網購賣主應該也是受害者，只是他還沒查覺，這一定是新帳號或者駭別人的帳號，然後在L購物平臺上虛設數個帳號，或是相互假裝交易，或是在網路上先實際交易三、四次留下良好紀錄，等到時機成熟後，再一次一網打盡，一次詐騙數十個案件。」狄仁寧推測的說。

「狄哥哥，你果然是少年偵探狄仁傑的弟弟，真是佩服你。」幸助開玩笑的說。

「哈哈哈，少拍馬屁，其實大頭貼的圖片搜尋，最常用來找虛設的帳號，在臉書交友名字難分別真假，但搭配圖片搜尋，就可知道是否虛設帳號。」

「那我來找找看你的大頭貼。」

「哈哈哈，僅此一張，別無分身。」

「既然這網購詐騙都是用便利商店貨到付款，用假東西騙取貨款，那麼我們以其人之道還治其人之身，建立多個虛設帳號，並且有好評價，然後向他訂購，他一定會集中時間出貨，並且立即關閉帳號及行動電話。」狄仁寧又說。

「可是要如何抓他？」

「警察握有上次嫌疑犯在便利商店的照片，所以我們只要能收到便利商店出貨通知，馬上通知警察來抓。」

「萬一……他不是網購詐騙，我們不就糗了?搞不好會被抓去關的。」

「至少他是網路詐騙犯。」

「可是這件事，我們又沒報警。」

「那你的膽子大不大？」

「要跟我見面嗎？」

「跟詐騙犯見面。」

「蛤？」幸助有點被驚嚇到。

「跟你同學拿詐騙犯照片，到原來那家出貨的便利商店，那家便利商店離你家不遠，坐一班公車就可以到達，只要看到他確定後，請你同學報警。」

「嗯，可是你已控制詐騙犯電腦，難道沒有他的住址，直接請警察抓他嗎？」

「不行，我做的是非法的，如果警察問，難道你要跟他說，我駭進電腦嗎？」

「說的也是。」

「我可利用他在的電腦中手機的雲端帳號，追蹤他的手機位置，這樣等到物證到齊後，一定可以把他抓起來，警察會認為我們是用購買商品引誘他出來的。」

「就這麼辦。」

「我可以跟賣方約定在星期二收到貨，請他在星期天出貨，那麼你可以先在之前同一家便利商店等，我知道詐騙犯住址，離這便利商店很近，等他出貨時報警。」

「收到，你也要來喔！一起把壞人抓起來，也可以保護我。」

「變成我落入你的詭計，我會暗中保護你，但我不一定會現身喔，我要保持神祕。」

「真是的，如果這次不見面，那你校慶一定要來聽我彈鋼琴。」

「再說吧！我要趕快來建假帳號，準備騙這詐騙犯，引誘他出來。」

「我也來準備。」

於是幸助把要抓網購詐騙犯，預告在臉書上，只分享給同學，並且請大家保密。當然許多人留言都不相信，幸助把他找到這網購詐騙犯的商店給大家看，小晴及小蜜都說，幸助找到的很可能是這網購詐騙犯，因為都是賣手機，而且推銷話術都差不多，是市面上流行手機的對折。這時小炫建議請幸助要抓詐騙犯時用臉書直播，才知真假，幸助也樂於接受。

到了星期天，一大早幸助帶著功課到便利商店，一邊寫功課一邊等詐騙的壞人來，要跟詐騙犯接觸，心情緊張又害怕，一小時過去了、又一小時過去了，結果接近中午了，他還是沒來。同學在臉書幸助貼文中，頻頻抱怨留言說：「會不會幸助搞錯了，或是詐騙犯不來了。」

「狄哥哥，你會不會誤判了，壞人不來了。」幸助用虛擬眼鏡跟狄仁寧對話。

「誰叫你答應要來的，有耐心一點。」

又過了一會兒，狄仁寧回話：

「等等，他的手機 GPS 在地圖移動，他出來了。」

「真的嗎？」

「真的，你看地圖上的移動。」

於是幸助在臉書既興奮又害怕的開啟臉書的直播，並且說：

「讓大家久等了，網購詐騙犯要來了，請大家注意看了。」

幸助把小背包掛在脖子上，手機放在背包小口袋，故意只露出了手機鏡頭，在臉書開啟了直播，這時大家都在臉書關注幸助的直播。

「幸助，加油，要逮到這詐騙犯。」

「幸助，你要小心。」

「幸助，希望這不是假的。」小炫有點不相信。

幸助還在便利商店等，但狄仁寧突然說：

「可是他走反方向，不是朝這家便利商店。」

「會不會他去吃飯？」

「等等，我查一下地圖。」狄仁寧有所懷疑。

「幸助，你在跟誰說話？」

「我也有聽見。」

「沒有啦！我在自言自語。」

幸助差點穿幫，過了十秒左右，狄仁寧告知：

「另一方向，有另一間便利商店，一定是去那間便利商店。」

「你會不會搞錯了。」幸助有點懷疑。

「幸助，趕快收拾，快跑去另一家便利商店。」

「對不起大家，我想起來這邊還有一家便利商店，我要先去查看。」

「網購詐騙犯真的會跑到另一家嗎？」小晴懷疑的留言。

「幸助，你剛又自言自語了。」志成留言。

幸助無奈的將桌上的功課，趕快用手一收，放到背包去，然後依照狄仁寧的指示，跑到另一家便利商店，在店門口氣喘吁吁時，真的看見照片中的詐騙犯，正提著一個行李箱進入便利商店，幸助拿起手機對著他直播。

「小蜜、小晴，是他嗎？」

「沒錯，幸助，真的是詐騙犯。」小蜜驚訝的說。

「幸助你太厲害了。」小晴很敬佩的說。

「趕快幫我報警。」

「好的。」

幸助又把手機放入背包袋子中，詐騙犯進入後，將行李箱的東西拿出來，一個一個小盒子，像是裝著手機一樣，然後他跟店員說要寄貨，店員一一刷完條碼，結完所有要寄的物件，要跟詐騙犯拿錢。

「先生，總共二十個，共一千兩百元。」

這時狄仁寧從購物網站的訂單中，得知訂購的手機已從這家便利商店出貨。

「幸助，就是他了，人證、物證都到齊了，你可以走了。」

「不行，我想親自看到他被警察逮捕。」

「你這樣會有危險。」狄仁寧擔心的說。

「我知道你會暗中保護我的，所以我不怕。」

「其實……其實……算了，我會陪你的，要注意安全。」狄仁寧像是有話要說，但是又不敢說出來。

這時，幸助進入便利商店，看到詐騙犯還是有點害怕，不過有狄仁寧助膽，他心中平靜許多，他一定要直播這詐騙犯被警察抓到，才會心安。現在詐騙犯已快寄貨完成，萬一警察慢點來，他一定會跑掉，於是他故意去冰箱拿個飲料，然後排在詐騙犯的後面，看能不能拖延詐騙犯的時間，此時詐騙犯正在貼寄貨標籤。

「幸助，你怎麼會在詐騙犯後面，不要命了。」志成緊張的說。

「幸助一定是想拖延詐騙犯寄貨時間，好讓警察就地逮捕他。」淑英說。

「對，淑英猜的沒錯。」小晴說。

這時幸助看到詐騙犯，快要寄貨完成，於是他開口問：

「請問叔叔，您這盒子很漂亮，裡面包什麼呀？」

「小朋友，你真識貨，裡面包的可是目前最流行的手機。」

「可以看看嗎？」

「要寄出去了，不能拆開給你看，如果你想要的話，請你爸爸媽媽上網買給你。」

「那網址呢？」

「你有臉書帳號嗎？我傳給你。」

「沒有，我是小學生。」

「那算了。」

詐騙犯正貼完最後一批標籤，要把貨品交給店員時，幸助故意拿起他早上沒喝完的飲料，裝作不小心，把它倒在兩三個手機盒子上，幸助連忙說：

「對不起、對不起、對不起。」

他拿起了盒子假裝要擦拭著，店員及詐騙犯也一起幫忙。

「小朋友，你真的很煩耶！」詐騙犯看到幸助不小心把飲料倒出來，很不高興的說。

「叔叔真的對不起，我不是故意的。」

「還好只是盒子外觀稍微碰水，要不然你要賠我。」

一會兒，兩三個手機盒子就被擦拭乾淨，店員也收進櫃子，而詐騙犯也結完帳，正要從店裡出來，這時幸助看警察又還沒來，就說：

「叔叔，不然你給我臉書帳號，我請我爸爸加你為朋友，就可以幫我買手機了。」

聽到幸助這麼說，詐騙犯回頭：

「你真的沒臉書嗎？這麼鬼靈精怪。」

這詐騙犯有點不耐煩，不想再理幸助，也不給他臉書帳號，頭也不回的走出去了。剛出去店外，他好像想起什麼，於是又進來店內，看到幸助說：

「小鬼，你是不是龍鳳國小學生。」

幸助一聽臉上表情吃驚，故意騙他說：

「不……不……是。」

「看你的表情，就知道欺騙我，你背包的口袋上，那黑黑的東西是什麼？怎麼會亮亮的？是攝影鏡頭嗎？」

「不好了，幸助被發現了。」小炫說。

「幸助，趕快跑。」狄仁寧大聲疾呼。

幸助沒想到他的計謀被詐騙犯識破，心裡害怕的不得了，只能照著狄仁寧的建議，轉頭就要逃跑，剛好在店門口撞到警察，警察扶著幸助，看幸助沒有受傷，就走進店裡，幸助手指著詐騙犯，像是告訴警察他就是詐騙犯。警察就向前盤查：

「有人檢舉你，賣假手機真詐騙，你是不是在這家店寄貨出去？」

「會不會認錯人了，我沒有寄貨在這裡。」

幸助一聽，知道這詐騙犯作賊心虛，背對著詐騙犯，向警察指向店裡的櫃子上的手機盒子，然後就到後面故意拿飲料，這時警察就問店員說：

「他有沒有來這裡寄貨？」

剛好剛剛的店員到後面休息，這位店員不清楚說：

「這我不知道。」

「把櫃子上的貨給我看一下。」

店員把盒子給警察，警察問：

「這裡面是什麼?怎麼這麼多個？」

店員連忙搖頭，表示不知道，於是警察就說：

「有人檢舉這裡面是假手機，我必須把這些帶回警局。」

「憑什麼說，這是我寄的？」

這時幸助在店裡後面看到剛才的店員，跟他說：

「前面的警察好像找你。」

於是店員就到前面結帳櫃臺，聽到警察在詢問詐騙犯，他問了一下回答。

「帳是我結的，是這位先生沒錯，我記得很清楚。」

這時被店員出來指認後，詐騙犯又不承認的說：

「就算這些貨是我寄的，我又沒犯法，憑什麼抓我？」

於是警察就當場拆開一個盒子，果然裡面裝的是一個飲料盒子。

「這下子賴不掉了吧？」

「奇怪，我要寄飲料罐，這也不合法？」

「合不合法，不是你說了算，上次你詐騙國小兩位女學生，我就調了便利商店的錄影帶，清楚拍下你的臉，這次人贓俱獲，我可以問買主就知道了，還要狡辯。」

此時詐騙犯覺得已瞞不住，拔腿要跑，但警察也不是省油的燈，馬上從後面一個劍步跟上，警察手一抓到，把詐騙犯的手弄痛，並且把手上銬，並且在他身上搜出了發票及出貨單。

這時詐騙犯恍然大悟，在場這小朋友就是要抓他的人，於是他白了幸助一眼，好像說要幸助小心，但警察看到這情形後說：

「你眼神像是在恐嚇這位小朋友，會罪加一等。小朋友，不用怕他，謝謝你幫忙。」

警察竟然向他揮揮手致謝，原本緊張害怕的心情，這時瞬間放鬆下來，他微笑跟警察揮揮手，這時大家也都替幸助鬆一口氣，並且在直播中留言，大大讚賞幸助太神勇了，也結束了直播。

「嚇死我了，心臟都快跳出來了！」

「我也嚇死了！」狄仁寧擔心幸助的安危，終於鬆了一口氣。

「謝謝狄哥哥暗中保護，你在哪？我們可以在這裡見面嗎？」

「我現在感冒頭又痛起來了，不能跟你見面，怕傳染給你，我有事要先走了，以後有機會再見。」

原先以為可以跟狄仁寧見面，但他又以感冒為藉口而離開，留下期待落空的幸助，

最後警察告訴小蜜、小晴說，這網購詐騙犯賣主，除了是詐騙賣手機外，警察查封了他的電腦，發現他也駭進了小炫及他人的臉書帳號，並且進行網路詐騙，而這人在臉書是用「郭大俠」匿名來幫大家按讚，讓受害者為了按讚虛榮心，就加他為好友。警察問他怎麼會加小炫為好友?他說：「是因為小晴及小蜜買手機留下的電子郵件，找到小晴及小蜜的臉書。」警察利用詐騙犯提供方法，真的找到小晴及小蜜的臉書，因為她們臉書不會設定隱私，預設為公開分享臉書好友給所有人，所以郭大俠發送她們的交友圈來交朋友，沒想到同學警覺性高，都沒有加郭大俠陌生人為好友，只有小炫加入他為好友。

警察以為他是駭客高手，結果是小炫的電子郵件，設為分享給朋友，他就利用電子郵件為帳號，亂猜他的臉書密碼，而小炫不因上次臉書帳號被駭客來散播病毒學到教訓，反而將密碼設為「abc123」，太簡單被猜中，當然成了受害者，之後成為加害者來詐騙他臉書的同學及朋友，引起大家共憤。

「小炫，你也太炫耀了，連詐騙犯也加入好友！」幸助說。

「那是小晴、小蜜不會設定臉書隱私，讓我也受害好嗎?」小炫反駁說。

「別人都不會亂加陌生人成為好友，只有你這位愛慕虛榮才會加，真不知該怎麼說你，還敢說我們。」小晴生氣回覆。

「沒錯，還有上次你臉書被盜，發給大家有病毒的影片連結，這次又沒學乖，你應該重上美虹老師資訊安全的課。」小蜜附和說。

「我下次再也不敢了。」

「已經第二次了，你還有下次？」

小炫一個苦瓜的臉的表情，像極了臉書的苦瓜表情符號。

大家都生氣瞪著小炫，像是在臉書給了一個生氣紅色表情符號。

第十三章

逆轉勝

一閃一閃亮晶晶　滿天都是小星星

掛在天上放光明　好像許多小眼睛

一閃一閃亮晶晶　滿天都是小星星

「主段的旋律簡單，音彈得乾淨，對幸助來說，是駕輕就熟。」狄仁寧評論著。

但進入第一段變奏，節奏輕快起舞，像是快樂的小星星，有許多的快速音群，幸助手指的靈活度不夠無法掌握，透過虛擬眼鏡及智慧手套，很快就被糾正，並且在虛擬眼鏡看出哪一根手指的速度差異，及清楚看到他錯的輕重及節拍問題，幸助一直反覆重練，幾次後就稍有改進。進了第一、二段變奏，有單手跳八度音需要克服，手指站起的速度力道要協調，幸助一直苦練，期待能夠控制好單手跳八度音，不然第七、八、九、十、十二段變奏的八度音群更是困難。

「果然練了哈農、徹爾尼後，改善你手指靈活度及增強你的視譜能力，相信你很快就會把小星星變奏曲練好。」

「我把小星星變奏曲練好，你會親自來參加我們校慶聽我演奏嗎？」

「這嗎……？」狄仁寧吞吞吐吐，似乎不敢答應。

「上次在便利商店沒跟我碰面，這次一定要來。」

「我感覺身體愈來愈虛弱，不太想出去。」

「要多運動，再次提醒你。」

「你真像是我的主治醫生！」

「來參加校慶，我順便介紹鬼婆婆及我們班上同學給你認識，說不定，對你設計電玩遊戲有幫助。」

「那……，你一定要把小星星變奏曲練好，我才會去。」狄仁寧心想該是時候了，在當天跟幸助說明清楚。

「一言為定！」

「就快要第三場圍棋比賽了，當天我要休息不參加了，以你目前的實力，應該跟

他旗鼓相當，但我相信你一定可以打敗他的。」

「嗯，我會再多加練習的，一定要打敗小炫，為自己爭一口氣。」幸助信心滿滿的說。

就在幸助跟狄仁寧聊天的同時，在臉書動態出現一個熱門貼文：

「各位阿公、阿嬤同學，我是莊瓊美，小時候大家都叫我『阿蓮』，還記得我嗎？我們是第一屆龍鳳國小畢業，希望老同學做夥，一起去參加龍鳳國小五十週年校慶。」

一張珍貴回憶的黑白照片，背景是學校古色古香的建築物及教室，第一排學校老師，第二排、第三排、第四排及第五排都是學生，道盡了那時的時代背景及鬼婆婆的滄桑歲月，這貼文在臉書動態快速的傳開，成為熱門的分享及留言。

小炫留言：「真的是鬼婆婆自己貼的嗎？」

鬼婆婆回覆：「要不然是鬼貼的嗎？」

小炫回覆：「ㄒㄧㄚˊ！」用一個哇的符號表情。

幸助留言：「鬼婆婆真幽默，借分享。」

淑英留言：「鬼婆婆已經會自己貼文了，希望早日找到您第一屆的同學。」

A留言：「借分享，我是第三十一屆的！」

B留言：「照片中在第三排第五位，好像是我爸爸，借我分享！」

C留言：「借分享，我是第二十三屆的，鬼婆婆真厲害，我媽媽還不會用臉書呢！借分享！」

D留言：「借分享，原來五十年前學校，建築物屋緣印有『永懷領袖、光復大陸』，真是八股的珍寶。」

校長留言：「我是校長，也是路人甲，剛經過這裡，希望大家找到自己的同學，一起來學校參加五十週年校慶。」

E留言：「校長好，連校長也來留言，這則貼文一定轟動。」

志成留言：「校長好，校長要頒獎給最年長的校友，請學長學姐一定要來參加校慶！」

小炫留言：「鬼婆婆找同學有『志』者事竟『成』，耶！」

自從小炫在臉書亂交朋友，嚐到被盜用帳號的惡果後，已經很謹慎交友，但他的臉書變得沒人氣，只好搞笑留言。

志成留言：「哈……哈……哈……，樹懶的笑聲。」

終於來到第三場的圍棋比賽，許多同學都很期待今天的到來，啦啦隊特別多，別班也在放學後，一起過來看熱鬧。

「小炫加油，要連三贏！」

這時小炫微笑揮手，向大家致意，像是這場棋，他贏定的樣子。

「幸助加油，要反敗為勝！」

幸助笑而不答，面對大家微笑，期待自己能盡力，最後一搏！

「小炫，要記得你的承諾，輸了要跟幸助道歉。」淑英再次提醒。

「妳就那麼相信幸助會贏，妳也太喜歡幸助了吧！女生愛男生。」小炫不高興的回覆。

「懶得跟你打口水戰，你自己不要太自信。」

「笑話，輸的話，我也跟妳道歉。」

小炫有點驕傲，也不服氣淑英那麼偏袒幸助。

比賽終於開始，幸助執黑棋，小炫執白棋，雖然每天持之以恆跟電腦練習對戰將近一個半月，這次沒有狄仁寧的幫忙，完全要靠自己的實力，幸助雖沒把握，但他為了爭一口氣的信心，滿滿寫在臉上。

首先幸助先下在左上角星位，小炫下在右下角大飛，然後佔穩一角的地盤後，幸助開始攻擊小炫的地盤，小炫也不是省油的燈，也是一守一攻來佈局二連星、小飛或大飛、又拆又跳，幸助採側面包圍夾攻，持續的攻勢，過差不多三十手，兩邊棋鼓相當，大家都不敢說一句話，深怕影響他們。

這時小炫展開他的攻勢，而幸助使出進逼戰，在連續的圍堵追截的過程，盡量不給小炫做活棋連貫的機會，而且逼著他不斷逃逸，取得他棋盤的優勢。但棋盤下了一半之後，幸助一個不留神，誤中了小炫的圍堵之計，吃掉他許多黑棋，這時小炫的白棋佔了上風。

「哈哈哈。」小炫驕傲的大聲笑了出來。

反觀幸助很懊惱下錯棋子，頭低低的思考想辦法彌補，但這一步錯棋，讓原本棋鼓相當，變成了下風，許多同學看了心驚膽跳。

「幸助加油！」幸助的啦啦隊來助陣。

「觀棋不語，真君子！」小炫抗議。

「你自己不是在哈哈大笑。」

「大笑又不是在說話，不一樣。」

這時大家噓聲響起，由於小炫的白棋連在一起，像是一條大龍飛舞，佔盡所有優勢，幸助趁機鬆口氣振作起精神，下了幾步棋後，突然靈感閃出，這棋局似曾相識，像之前和電腦對奕的局勢，他分析判斷局勢後，於是無形的招式與佈局，正要全部使出。此時有點驕傲的小炫，又走了幾步棋後，不小心產生了一個致命的漏洞，被幸助即時的填補，再折斷這條白棋大龍，就成功地被幸助黑棋斷下來了。

幸助經初步精密計算，只要自己不下錯棋，這條快要散掉的白棋大龍，會被他的黑棋團團圍住，要成活棋比較困難。於是幸助趕緊地抓住這個機會再衝斷，將這條二十幾顆棋子的小龍緊緊圍住。儘管小炫在棋陣中左衝右撞，使出渾身解數，終究未能逃脫，被幸助的團團圍住，全部被吃的命運。

這時小炫的臉綠了，沒想到上半局後，他穩贏的局勢，一夕之間轉換，殺得他措手不及，原本自信的模樣不見了，換成他一直在撓頭髮想破頭腦。

「哈哈哈。」幸助的啦啦隊，故意笑了出來。

「觀棋不語，真君子！」小炫抗議。

「你剛剛不是說，笑不算嗎？」

小炫不再理會，自己靜下心來，看看是否可以扳回一成，但棋子就快要下完，整個優勝的局勢往幸助的黑棋倒，最後在大家的見證下，幸助終於贏得勝利，大勝小炫。大家看得目瞪口呆，簡直不敢相信，幸助只有丙級程度，比初段還差的很遠的級數，只花了一個半月，竟然打敗了小炫初段的級數，這時同學鼓譟要小炫跟幸助及淑英道歉。

「要道歉、要道歉、要道歉。」

這時幸助無意間看到同學桌上的聯絡簿裡，有著論語背誦名句，他突然想起孔子老師在臉書說的話：「君子以文（棋）會友，以友輔仁。」他心有所感，於是就跟小炫說：

「小炫你不用道歉，這一個半月讓我圍棋進步的動力是你，這就是對我最好的無

形道歉了。」

「幸助，你就是心地這麼好。」淑英不平的說。

「要道歉、要道歉、要道歉。」同學繼續鼓譟著，要幫幸助討公道。

這時看到小炫頭低低、小小聲對幸助說：「幸助對不起。」

正當幸助要跟他說沒關係時，他好像面子掛不住，就心不甘情不願的跑走了，其他當時有打棒球的同學，也一一跟幸助道歉，並且都跟幸助讚美，說他太厲害了，沾沾他的勝利之光，之後大家也就各自回家了。

「我贏了！」幸助回到家，迫不及待的告訴狄仁寧。

「果然在我的預料中。」

「狄哥哥的圍棋佈局分析程式，果然非常有用，連我都可以打敗初段的。」

「這是你努力的結果。」

「真的要感謝狄哥哥，祝你的遊戲程式大賣。」

「要提醒你一點，你喜歡圍棋，不代表你能克服學習的困境，電腦遊戲程式只是幫你克服你目前的困境，你在往更深的棋藝學習，一定又會遇到不同的困境，你必須要找出來自己去克服，不然又會中斷學習的。」

「不能靠狄哥哥修改新的圍棋布局佈析程式，來幫助我克服新的困境嗎？」

「重點不在這圍棋佈局分析程式，而是你想克服逆境的心。」

「狄哥哥愈來愈會說教了，像爸爸媽媽一樣嘮叨。」

「嘿嘿嘿，沒想到一個電腦遊戲，竟然這麼神，我倒是想看看是如何吸引人？我決定附身看看。」狄仁寧突然插入這句話，令幸助感到奇怪。

「幸助，先不要玩圍棋佈局分析程式。」狄仁寧又補上這句。

「狄哥哥，你身體還好嗎？這麼講話變得怪怪的。」

「這遊戲真的迷人，我要多玩玩，而且要玩更多的遊戲。」狄仁寧又插了這一句。

「幸助，我身體真的不舒服，我要下線了，改天聊。」狄仁寧口氣微弱的說。

狄仁寧說完後，整個就斷線了，幸助心想：「狄哥哥生病愈來愈嚴重了，怎麼答非所問？只能等他身體好了上線再問他。」

晚上幸助在寫功課時，小炫的爸爸打電話來，幸助爸爸接起電話，他們相互簡短交談幾句後，幸助爸爸臉上覺得有點不可思議，就趕緊把電話交給幸助，電話那頭小

炫爸爸聲音有點急促，感到焦慮不安說：

「剛才打電話給志成，他說我們家小炫，跟你比賽圍棋後，就回去了，可是現在已經晚上九點了，小炫他還沒回來，請問他有去你家嗎？」

「伯父，不好意思，小炫沒來我家，他跟我比完圍棋後，就背著書包回家去了。」

「那他有沒有說去哪裡？」

「我不知道，他沒跟我說，我可以聯絡一下同學看看。」

「謝謝你，我也用電話聯絡班上同學或朋友看看，搞不好又到哪裡玩，玩到忘記回家了，回來一定要好好處罰他。」

幸助掛完電話後，幸助爸爸有點不相信問了幸助說：

「你今天圍棋比賽贏小炫，這是真的嗎？」

「對，很幸運贏過他。」

「他圍棋是一段的功力，你怎麼可能贏他呢？不要誤解爸爸的意思，我是說你是怎麼自學贏他的？」爸爸怕幸助再次誤解他的意思。

「爸爸放心，我絶對不是作弊，我真的是自學的，不信你看看我電腦圍棋佈局分析程式。」幸助打開電腦給爸爸看，一一介紹電腦圍棋佈局分析程式。

「哇，幸助不簡單！原來你是有這麼好的程式跟電腦對戰。」爸爸拍拍幸助肩膀說。

「爸爸，你省下補習費了。」

這時爸爸有點不好意思尷尬的笑：「你繼續和電腦對戰吧！」

跟爸爸解釋完後，幸助急忙在臉書中的群組發訊息，希望有同學知道小炫的下落，但都沒有消息回應；小炫爸爸打給班上同學及他的朋友，也都沒有人知道他的下落。

現在已經晚上十一點了，還沒有小炫的消息，大家也愈來愈擔心，而幸助在臉書留訊息給小炫，連讀都沒讀取，正要放棄關電腦去睡覺時，突然聽到臉書提醒的聲音，竟然收到小炫的臉書訊息回覆。

「幸助，真對不起，之前一直欺負你。」

「你已經道歉過了，不用再說了，你現在人在哪裡？」

「你怎麼最近那麼厲害，功課進步、打出全壘打、圍棋又贏我，太不可思議了，讓我相形失色。」

「我是幸運啦！我不敢跟你再比賽，因為下次會輸你。」

「你人就是這麼好，讓我能欺負你，淑英才會站在你這邊。」

「先不要說這個，你爸爸到處找你，你在哪裡？」

「我不想回去了，怕挨罵。」

小炫發完這訊息，就沒再留下訊息，但幸助發現小炫給他的訊息中，竟然有 GPS 的位置，幸助學狄仁寧追詐騙犯的方法，用 Goole 地圖查詢這發話訊息的 GPS 位置，Google 地圖很快的指出位置，就是在他們學校附近的公園，於是他打電話給小炫爸爸，說他一人在學校附近的公園，這件事他也有錯，不應該堅持要小炫道歉，請他們不要責罵小炫。

他們到了公園時，小炫假裝很驚訝，他的爸爸媽媽能找到他。

「爸爸、媽媽，我知道錯了。」

「幸助都已經跟我說了，不怪你了，小男生要有氣度，輸了、跌倒了再站起來就好，這樣以後才能做大事。」

就這樣小炫在父母的原諒下，沒有任何的處罰，就跟他的父母回去了，走在回家的路上時，小炫突然轉身過來，使了一個眼色給幸助，像是跟幸助說謝謝他，有用心注意到，他故意在臉書訊息留下 GPS 位置，這時幸助也會心微笑，對他揮揮手說再見，也揮別了彼此的心結。

第十四章 加密的聖誕禮物

第十四章

加密的聖誕禮物

夜晚幸助在練習小星星變奏曲，自己愈練愈沒勁，他打開窗戶看著天上的星星，小星星一閃一閃，好像請他說加油，忽然兩顆流星一起落下，像是聖誕老公公拉著雪橇一樣，讓他想起聖誕節快到了，可是每年的聖誕節，他許的禮物願望，聖誕老公公老是搞錯了，雖然送給他的禮物是有用的，但不是他想要的，還有這次不知能否跟聖誕老公公要兩份禮物，一份給我，另一份給狄哥哥，謝謝他的幫忙，幸助想先問問看狄仁寧想要什麼禮物，不過最近他都沒上線，所以幸助只好先留訊息給他。

留完訊息後，他忽然想到既然上次可以跟孔子老師對話，這次我直接在臉書跟聖誕老公公要禮物，說不定真的能要到兩份禮物，於是他愈想愈興奮，臉上一直傻笑，像是已經要到禮物似的。

幸助登入臉書，查尋到聖誕老公公，點了聖誕老公公後，看到他的大頭照確定是聖誕老公公，而且封面相片有他在滿天星星，從天空飄下飛雪的夜晚，乘著由馴鹿拉的飛天雪橇發送禮物。有了上次與孔子老師對話，他這次充滿信心發了訊息。

「聖誕老公公，原諒我懷疑世界有聖誕老公公，因為只有在童話故事才能看到你，請問世界上真的有聖誕老公公？」

「當然是真的，不然我每年怎麼發禮物給大家。」聖誕老公公馬上回訊息。

「嚇我一跳，您這麼快就回覆我。」幸助吃驚的回覆。

「要不然，我怎麼讓你相信。而且在美國每年都會有小朋友透過 Google 地球追蹤我呢！看我發禮物到哪裡了。」

「那您是否太忙了，會送錯禮物，去年我放了一個超大的聖誕襪，在我房間的門口，在晚上許了個願望，希望得到一臺 iPad，結果得到了是一臺鋼琴調音器。」幸助還是有點不太相信的回說。

「哈哈哈，真的不好意思啦！每年聖誕節時，我實在很忙，所以可能送錯。」

「流眼淚的表情符號。」幸助暗示哭哭。

「噓，跟你說個祕密，因為一到聖誕節我實在太忙了，所以有小精靈當分身，祂

們幫我製造或買禮物，一定是我小精靈送錯了。」

「哼，那要怪你小精靈不夠專業。」幸助有點小生氣。

「不能這麼說，我的小精靈有時比我更知道你要什麼禮物，你的 iPad 預算太高，跟你的表現不等值，所以我負擔不起，只好給你最適合的禮物。」

「那請問小精靈是不是我爸爸媽媽呢？」

「我只能說，願意幫我的，都是我的小精靈，而且不管收到的禮物，是否是你心中的理想禮物，送禮物的過程，它代表的是愛。」

「聖誕老公公，還可以問您幾個問題嗎？」幸助逮到機會，想把心中的疑問問清楚。

「歡迎你問。」

「您每天穿紅色聖誕衣，到底有沒有換衣服呢？」

「哈哈哈，當然有換啦！只有在發禮物時，才穿紅色聖誕衣及紅帽。」聖誕老公公真的很尷尬回答這問題。

「聖誕老公公，您是不是太勤勞了，所以您的英文才叫 Santa Claus，中文有人翻譯成『聖塔過勞死』。」

「哈哈哈，其實我本名叫 Saint Nicholas，因中間荷蘭語及英語的發音轉換，才變 Santa Claus。中文『聖塔過勞死』是跟我開玩笑的，不過我全年無休在觀察小朋友，真的是很勤勞的，所以才會有分身，幫我發禮物。」聖誕老公公一聽差點暈倒，之後氣定神閒的回答。

「是因為您太勤勞，所以您的鬍子才變白，沒時間整理才變長嗎？」

「哈哈哈，又長又白的鬍子是我的造型，這樣在送禮給乖小孩時，才不會被人家誤會是小偷，被警察抓去關。」聖誕老公公苦笑的回答。

「只有乖小孩才能拿到禮物嗎？」

「當然，我一整年都在觀察、記錄小孩，只有乖小孩才會收到我的聖誕禮物。」

「那我乖嗎？」

「哈哈哈，別套我話，聖誕夜時寫下你要的禮物掛在聖誕樹或聖誕襪上，做好事心存感激就有希望。」

「那我可以在您臉書聖誕樹下留言，許願聖誕禮物嗎？免得今年再送錯了。」

「這……這……，這樣你禮物不是會被其他人知道了嗎？」聖誕老公公有點難為。

「我有辦法了，因為您會觀察我的一舉一動，所以您一定會知道的。」

幸助先在聖誕樹上留言：「今年我要的聖誕禮物，是……『祕密』！」

然後又私訊聖誕老公公，上傳一個 Word 加密的檔案。

「你實在是太……太聰明了。」聖誕老公公哭笑不得。

沒想到在聖誕老公公臉書留言，竟然陸續有人給幸助的留言按讚，於是他打鐵趁熱，厚著臉皮說：

「那我可以再要一份禮物嗎？」

「為什麼要兩份禮物呢？」

「一份要送給我的好朋友。」

「你的好朋友是姓『狄』嗎？」

「您怎麼會知道？」

「我剛才說，我一整年都在觀察、記錄小孩的事蹟，當然包括你的朋友。」

「您真厲害！」

「等等，我又上傳另一個 Word 加密的檔案。」

「我看到了。」

接下來，聖誕老公公好像吃錯藥了，回話的口氣變了。

「幸助，你怎麼那麼天真，相信世界上有聖誕老公公。」

「難道你不是聖誕老公公嗎？可是您剛回答的口氣，都像是一位慈祥的聖誕老公公，不是嗎？」

「你被我騙了，世界上沒有聖誕老公公的。」

「不是的，我是。」聖誕老公公又回訊息。

「你到底是誰？怎麼一下是，一下不是？」

「幸助，不要理會我剛秀逗的話，我是聖誕老公公。」

「幸助，你要小心了，我會一直盯著你的。」聖誕老公公又回訊息。

「聖誕老公公您到底怎麼了？」幸助不安的說。

「我會一直盯著你！」

「我會一直盯著你！」

「我會一直盯著你！」

「幸助，趕快登出，我秀逗了。」

「我會一直盯著你！」

「我會一直盯著你！」

「我會一直盯著你！」

……

幸助愈看愈糊塗，心中感到害怕，前面談話都很正常，怎麼到後面會變成這樣，到底是怎麼回事，於是他趕快登出臉書。

臉書的聖誕老公公太詭異了，狄哥哥可能生病沒有上線，無法問他的意見，難道聖誕老公公的帳號被駭了嗎?那我今年的聖誕禮物，也無法實現了，那該怎麼辦才好，現在的幸助只希望狄仁寧身體趕快好起來。

第十四章

加密的聖誕禮物

第十五章 臉書同學會

雖然狄仁寧最近沒上線聯絡，鬼婆婆第一屆畢業照，在校友及校長的臉書熱門留言下，也激起校友們去尋找他們自己那屆的同學，但由於年代久遠缺乏資料，回應的效果不佳，沒有多久熱情就熄火了。

幸助覺得很可惜，在鬼婆婆的臉書留言：「學校要找回歷屆校友，臉書是一個很好的媒體，學校為何不利用呢？而且學校有歷屆的畢業紀念冊，貼在社團上，一定會引起各屆校友的共鳴。」

這留言引起大家按讚與注意，碰巧讓學校教導主任看到，他覺得幸助的建議很有道理，於是他成立龍鳳國小校友同學會臉書社團，把歷屆的畢業照上傳至社團，除了前十屆已遺失外，藉由一張張的相片，引起校友的回憶及共鳴，透過找尋校友、加入社團及討論，慢慢如滾雪球般的熱絡起來，並且許多各屆校友討論著，要在校慶當天開同學會，於是他們像病毒似的散播著消息及找同學，許多找同學的甘苦與笑點就此發生，把整個臉書社團抄得沸騰起來。

幸助看了社團的貼文，好像跟閱讀一本書那麼精彩，當天晚上他就作了一個夢，夢見二十年後，他是班上同學會召集人，許多同學到外地工作發展，二十年前的電話沒有幾個是對的，想像國小時沒有臉書的年代，於是他現在透過臉書找同學。

他第一個在臉書找的就是班長淑英，二十年不見已不知她的面貌，在臉書中搜尋，一下子出現一堆淑英，幸助心想班長取這菜市場的名字，真是好難找，聽說她大學就讀臺北大學，於是幸助用臺北大學篩選，果真眼前出現一位淑英，長的跟他記憶中的淑英很像，她長髮飄逸、瓜子臉蛋、精緻五官，散發出清秀氣質的美，簡直像童話裡的公主。幸助心怦怦跳，厚著臉皮發訊息給她，又怕被她拒絕回覆。

「淑英妳好，請問妳小學是就讀龍鳳國小嗎？我是妳同學翁幸助。」

這訊息並沒有馬上被讀取回覆，剛開始等待的每一秒的時間，像是一分鐘那麼久，沒想到等待落空，完全沒有消息，就要放棄的兩天後，突然收到淑英的訊息：

「你好，我是就讀龍鳳國小沒錯，可是我不認得有你這位同學。」

幸助看這訊息，差點暈倒，小時候最挺他的同學，竟然把他給忘了。

「那你記得小蜜、小晴及小炫嗎？」

「嗯，好像記得。不過……你是不是在哪裡，拿到了我的國小畢業紀念冊，想要藉機在臉書搭訕我？」

幸助一聽，臉都紅了起來，馬上反駁。

「絕對不是！」

「不好意思，我有事，不能跟你再聊下去了，再見。」

幸助一看差點暈倒，如果現在提不出記憶深刻的事，淑英可能再也不會回我訊息，甚至封鎖我臉書，於是他想起一件國小記憶深刻的事。

「等等，妳還記得我們去鬼屋，在鬼婆婆家救鬼婆婆一命嗎？」

原本要封鎖幸助交談的淑英，看到這訊息，忽然想起這件事，心中會心一笑，她立刻回覆：

「我想起來了，你還牽著我的手呢！我們被狗追，還有被老鼠嚇到。」

「啊！怎麼盡想起我的糗事，不過妳終於想起來了。」

「還有你是鋼琴王子，彈那首叫……，啊！叫小星星，對不對？」

「鋼琴王子不敢當，那隻狗叫阿旺，還記得嗎？」

「記得，我們還跟牠一起合照。」

「我還有保留那張相片喔！」

「真的，要分享給我喔！還有你常被小炫欺負？我常幫你抱不平，對吧？」

這時幸助恨不得躲起來，怎麼淑英老是記得他小時候的糗事，之後他們愈聊愈起勁，完全忘了要開同學會的事。

接下來又是艱難的任務，明明可以確定臉書中的小晴就是同學，但發訊息後她不理會，只好像垃圾郵件一樣一直發送，直到她願意回覆。

11/1 小晴妳好，我是妳小學同學翁幸助，要開二十年國小同學會了，請妳務必回我訊息。

11/5 小晴妳好，我是妳小學同學翁幸助，要開二十年國小同學會了，請妳務必回我訊息。

11/10

小晴妳好，我是妳小學同學翁幸助，要開二十年國小同學會了，請妳務必回我訊息。

過了兩個星期，終於回覆了。

「很抱歉，我不認識你喔！」

「我是那位喜歡下圍棋、彈鋼琴的幸助，還記得嗎？」

「真的抱歉，我還是不記得。」

「對了，小時候妳跟小蜜買手機被騙的事，還記得嗎？」

「嗯……，好像有點印象了。」

「最後我們還抓到詐騙犯。」

「可……是……，我能信任你嗎？我們都上過資訊安全的課程，我怕你像二十年前的詐騙犯，只是從別人口中，知道我的一些事情。」

「那妳怎樣才會信任我呢？」

「我可以問你問題嗎？你若答對，真的就是幸助。」

「嗯，有道理，那妳問吧！」

第十五章

臉書同學會

「請問我們班，長的最高的是誰？」

「是小炫。」

「誰最矮？」

「是小蜜。」

「誰長的最帥？」

幸助有點難判斷，他自己心想，應該是他才對，於是他厚著臉皮說：

「哈哈，是我！」

「你太不要臉了，誰長的最漂亮？」

幸助小時候就覺得淑英很漂亮，長大後臉書的大頭貼更是美若公主，可是我要是說淑英，小晴會不會不高興，然後就不跟我說話，甚至封鎖我的臉書，不來參加同學會，於是他拍馬屁的說：

「是小晴。」

「哈哈，你真是狗腿，告訴你，我已經嫁人了，你沒機會了。」

「那妳要帶妳老公一起來參加同學會喔！」

「好啊！其實我早就知道你是我同學幸助，只是想捉弄你一下。」

這時幸助看到這句話，好氣又好笑，不過總是又找到一位失聯的同學了。

「請看一下這社團，記得加入，有我們的畢業照片。」

再來因為同學二十年沒聯絡了，這時聯絡要開同學會，卻被誤認為詐騙集團或借錢。

「志成，我是你龍鳳國小同學翁幸助，你還記得嗎？」

「拜託，你怎麼會有我的個人資料？」志成不可思議的回說。

「我是你同學當然知道你的資料，你看這是我們小學合照。」幸助上傳一張相片在訊息裡。

「你真厲害，連我小學照片都有，一定是買了我們畢業記念冊。」

「真的啦！還記得我們常跟小炫一起去打棒球嗎？」

「吼，連這個你也知道。」

「當然，我是你同學啊！」

「你會不會下一句要跟我借錢？我可沒錢借你。」

幸助心想，原來如此，怕我是詐騙集團來借錢的，於是他將計就計。

「對呀！我要跟你借一百萬。」

「我就知道，我不會上當。」

「其實是跟一百萬等值的東西。」

「是珠寶還是跑車？」

「就是來參加十二月五日同學會，價值一百萬！」

「哈哈哈，你還真會講話，還好你不是來借錢，那我就放心了。」

「請加入我們班的臉書社團，小心有人會跟你借錢。」

「哈哈哈，我不會借人錢的，幸助跟你說，我現在是ㄈㄨˋ二代，怕別人借錢。」

「蛤？富二代還怕別人借錢，你真是小氣。」

「是負二貸，房貸、車貸背的喘不過氣來，讓我結婚後，不敢生小孩，養不起了。」

幸助真不知道如何回覆志成，心中真是*&%$#。

最後找到國小的死對頭小炫，沒想到主動找人的幸助，還被推銷買東西。

「小炫，我是你龍鳳國小同學翁幸助，你還記得嗎？」

「別人會忘記你，你，我一定會記得，圍棋三連戰，我贏了兩場嘛。」小炫記憶深刻。

「哈哈，你還記得，可是最後我贏了，不是嗎？」

「那是我不小心的，不過什麼風把你吹來，會主動在臉書找我？」

「無事不登三寶殿，我們班要開同學會，要邀請你參加。」

「唉呀！我很忙的，最近在做大事業，你要不要一起加入，保證你賺大錢。」

「賺大錢我不敢想，只要你記得來參加同學會。」

「業績沒達到我無法去參加，不如你加入會員，幫我做個業績，我就去參加。」

「小炫，二十年沒見，什麼時候你變成超級業務員啦？」

「幸助，看在你是我小時候死忠的同學，我才把這好康的告訴你。加入會員每個月只要花三千元就好，加入後你拉會員來買東西，你還有10％利潤，每增加一個會員利潤會加倍成長喔！」

「這……這……這……。」幸助面有難色。

「不用再考慮了，如果再不加入，我就打電話給同學，一起拉他們加入會員。」

這時幸助陷入難題，到底要不要幫小炫，如果不幫忙，他就不會參加同學會，而且還會騷擾同學，把同學會變成直銷大會，就在此時他冒冷汗，被這難題給嚇醒了。

「啊！好險，原來這是一場夢。」幸助自己拍拍心臟，給自己壓壓驚。

恢復平靜後，他想起鬼婆婆說：「我跟我丈夫早就離婚，有一位兒子，哎……，但已經失去聯絡，所以我才變成獨居老人。」

我真笨，那我也可以用臉書幫她找，就這麼決定，今天放學會去找鬼婆婆。到了下課放學後，幸助獨自一人到鬼婆婆家，說明來意後，鬼婆婆倒一杯水給他喝。

「你的好意我真感激，我跟我先生離婚後，他就帶著五歲的小孩搬到別的地方，年輕時有請警察幫忙查他們的住址，他們都說除非我先生願意聯絡，不然他們不會給我住址的，現在已過了四十年，找不到的。」

「阿婆，借您的臉書帳號，讓我試試看。」

鬼婆婆禁不起幸助的請求，只好讓他使用她的手機登入。

「阿婆，請問您兒子名字。」

「他姓李，木子李，叫昭安，今年四十五歲。」

幸助在臉書中輸入「李昭安」，結果出現將近三十位「李昭安」，他請鬼婆婆先看照片及相關個人資料，第一個出現的是年輕人照片，鬼婆婆搖頭說不是，第二個是一隻狗照片，鬼婆婆當然也搖頭，還有的照片是女孩、沒有照片的，看看他們公開資料，篩選到最後三位可能是他兒子，於是他發送訊息分別給這三位，說明她叫莊瓊美，因四十年前跟前夫李世萬離婚，要找她失散四十年的小孩，名叫李昭安。

很快的其中兩位馬上回訊息，他們的媽媽都健在，而且爸爸名字也不同於鬼婆婆的先生名字，說鬼婆婆找錯人了。而只剩下最後一位，他的照片是團體合照，照片中其中一人，有點像他前夫年輕時，但相片中太小了，無法確認，沒想到過沒多久，他回訊息說：

「我母親早就去世了，希望伯母早日找到兒子。」

幸助從原先充滿信心，被這三位的回覆給潑了冷水，幸助跟鬼婆婆說：「對不起找不到您的兒子，白忙了一場。」

鬼婆婆安慰他說：

「我已是快要住在棺材的人，最大的心願是找到失聯的兒子，要不是你們，讓我點燃這希望，我原本就沒打算找到兒子，這次是離我三、四十年前找他，感覺最接近的一次，謝謝幸助！」

幸助聽鬼婆婆這麼一說，雖然覺得不好意思，但已感到釋懷，跟鬼婆婆告別後，他不知為什麼，心中總是期待有奇蹟出現。

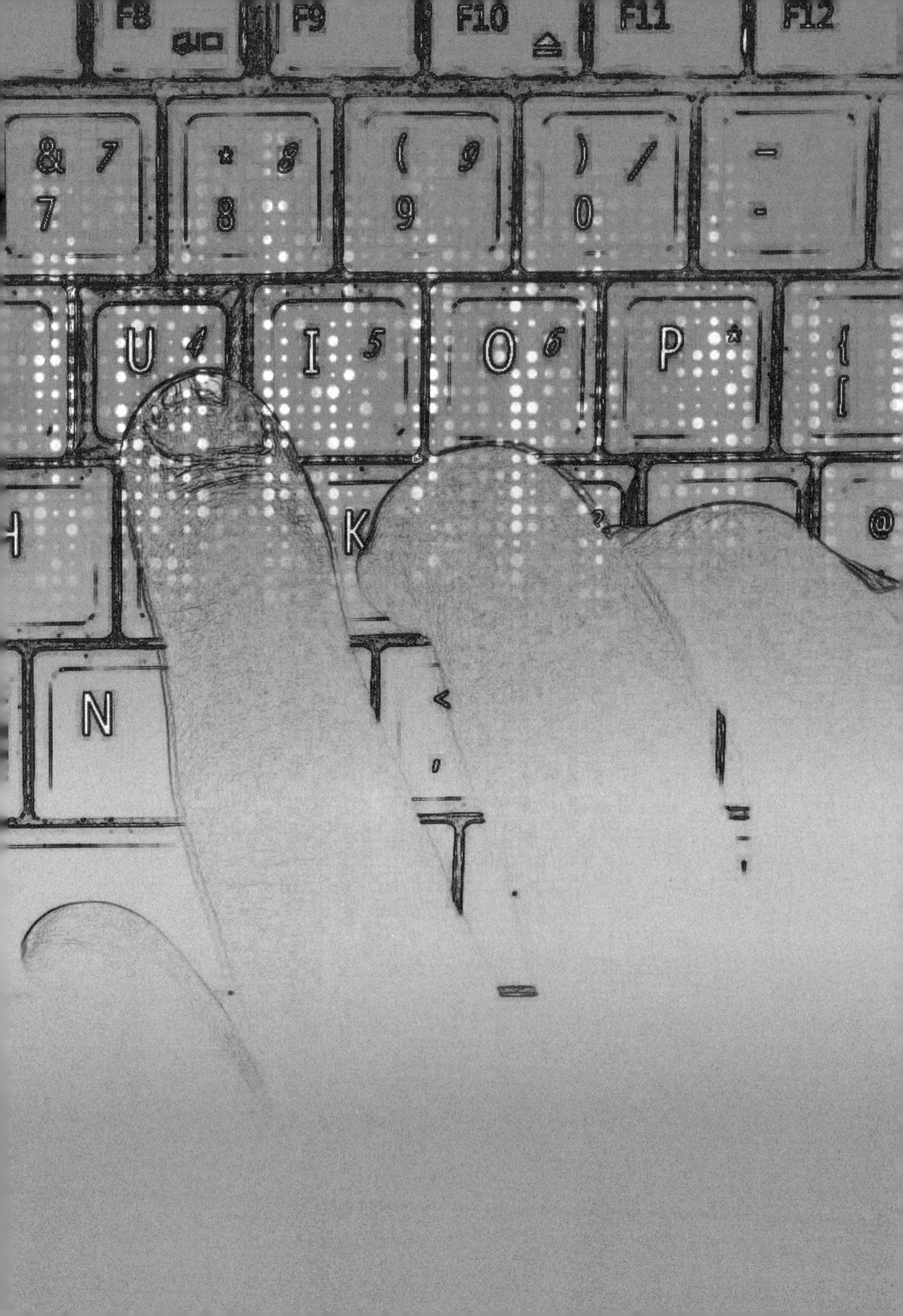
F8
F9
F10
F11
F12
U
I
O
P
K
N

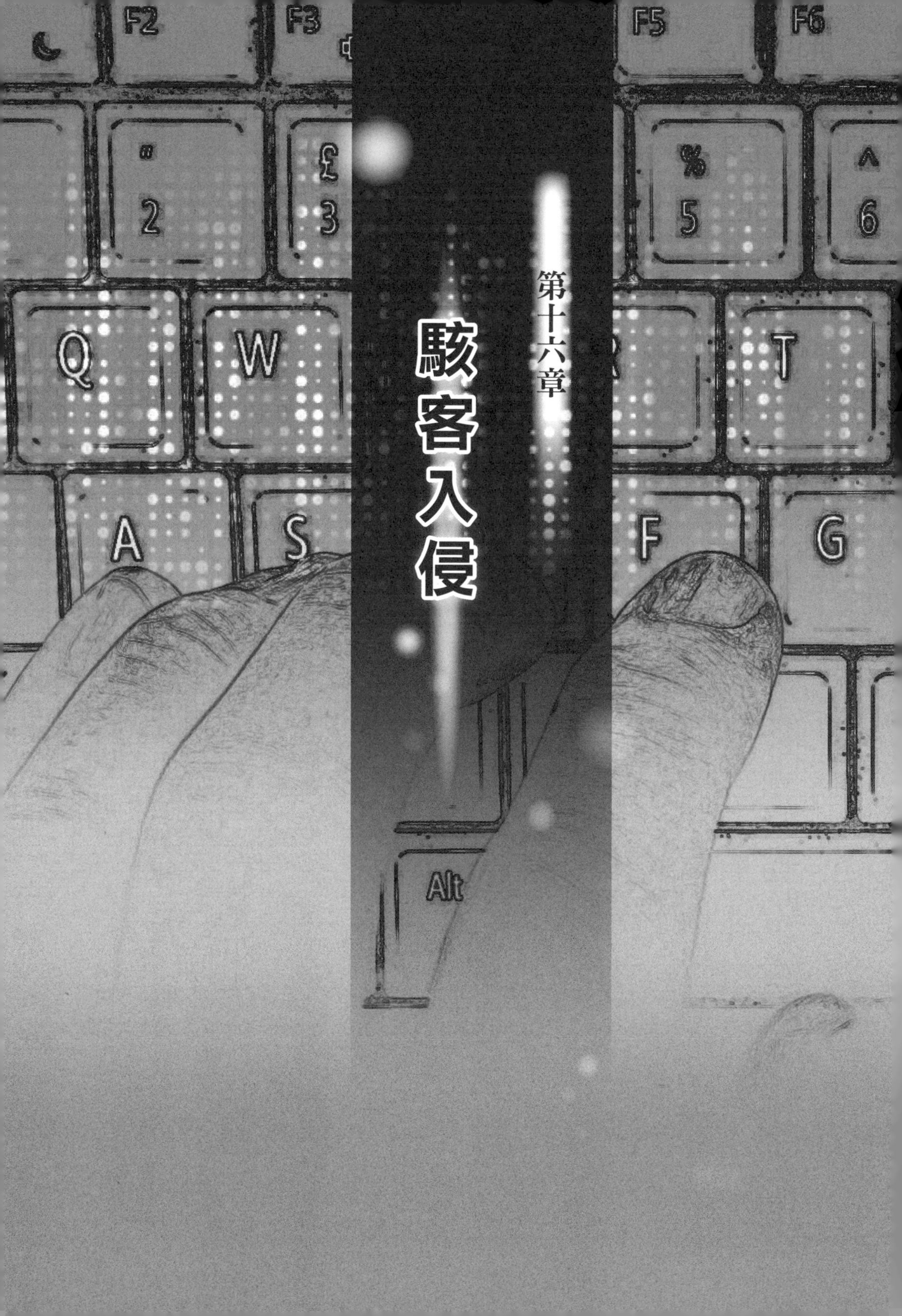

第十六章

駭客入侵

離校慶的表演日期愈來愈接近，幸助苦練小星星變奏曲，在十二段變奏當中，他的八度音、快速音群技巧、旋律的輕重音及手指的靈巧，都一直在進步，他想把他的進步情形告訴狄仁寧，可是狄仁寧還是沒上線，只好再留訊息給他。

隔天在學校上電腦課Scratch程式設計課時，教室的印表機突然印出幾個大字：「不給十元比特幣，校慶就搗蛋！」

小炫在印表機旁，看到這張訊息後，馬上拿給美虹老師：

「美虹老師，有同學上電腦課不專心，亂印這個。」

美虹老師看到後，臉色有點難看，但她還是冷靜的問同學：

「有同學不小心印到這張嗎？」

這時大家都靜靜聽老師說，但都無人舉手承認，這時小炫說：

「美虹老師，這傢伙真搞笑，只要十元還大費周章。」小炫說。

「是十元比特幣，看清楚好嗎？」淑英覺得小炫忽略重要訊息。

「比特幣是什麼東東？」小炫搞不清楚的問。

「比特幣簡單的說，是加密網際網路貨幣。」美虹老師在臺上解釋。

聽完後，許多同學還是一臉茫然，這時美虹老師逮到機會問：

「請問同學一元比特幣可兌換多少臺幣呢？」

臺下一片寂靜，這時候美虹老師說：「猜猜看？」

「十元。」

「零點二五，跟日幣差不多。」小炫猜。

「一百元。」

「三十元，跟美金差不多。」

「一百元。」

美虹老師又笑著說：「都沒猜對，目前一元比特幣，可兌換三萬七千元臺幣。」

「蛤？」大家都被嚇一跳，說不出話來。

小炫說：「竟然比一兩黃金還貴！所以十元比特幣，那不就是三十七萬元？」

美虹老師回說：

「沒錯，我相信這張恐嚇信應該不是你們印的，不然不會要這麼多錢，我會跟學校報告這件事。」

下午全班在美虹老師的指導下，幸助彈奏小星星變奏曲，配合同學的舞蹈，大家都覺得幸助鋼琴彈的超棒的，他們班一定會得名，美虹老師說：

「請大家繼續保持，大家表現的都很棒！」

沒想到幾天後，美虹老師上 Scratch 程式設計時，每一臺電腦都無法控制，接著在電腦螢幕上，播放幸助他們的小星星變奏曲，然後 Scratch 程式突然被執行，滿天星星閃閃發亮、滿地雪花片片飄著，聖誕老公公騎著麋鹿向大家發送禮物，大家以為是老師要給大家的驚喜，沒想到下一秒，整個螢幕變成了全黑色，然後白色與黑色一閃一閃交替著，最後出現披著黑色的頭巾及外套，戴上白色面具的駭客，食指指著大家，並且跑出文字：「不給十元比特幣，校慶就搗蛋！」

這時大家一陣慌亂，不知所措，過了一會兒淑英驚恐的說：

「前面的影片，不是幾天前我們的排演嗎？怎麼被偷錄播放？」

「難道我們被偷拍嗎？」志成害怕的說。

「難道聖誕老公公變成鬼，不送禮物反而要勒索我們。」智穎懷疑的說。

「美虹老師，這無臉男是鬼嗎？都知道我們在幹什麼。」小炫驚慌的說。

「看起來應該是駭客的大頭貼。」美虹老師說。

聽老師這麼一說，大家臉上露出驚慌的表情說：「好恐怖喔！」

「大家不要怕，我會請學校查明的。」美虹老師安慰大家說。

「現在下課，回教室自修，老師去教務處一趟。」

幸助都沒舉手發問，他覺得這駭客知道他們的一舉一動，甚至知道他們要在聖誕節校慶時表演這節目，當中必定有什麼關聯，於是他快速的儲存駭客的 Scratch 程式一份，就回到教室，而美虹老師一樣將 Scratch 的程式儲存起來，就去教務處報告這件事，不久後回到教室，雖然若無其事的上課，但似乎一場暴風雨即將來臨的感覺！

放學回家後，淑英正在電腦前查資料，這時電腦發出提醒聲音及訊息，有一封新的電子郵件，發信者：return@gmai1.com(gmai1 中的 1 是數字 1 而非字母 l)，主旨：

Gmail 的退信。雖然她覺得可疑，可是最近真的有發送信件，真的信件被退了嗎？於是她打開信件，內文寫：「退信原因及原始信件內容，請妳打開附件。」她看附件是 Word 檔案，就卸下了心防，因為美虹老師說病毒比較多是執行檔，這 Word 檔案不是執行檔，應該沒有關係，況且這是 Gmail 發的退信，應該不會是假的才對，她也想知道到底哪一封信被退了，於是她就打開了附件檔案。

沒想到她這一打開，電腦就中毒了，她眼睜睜看著她辛辛苦苦，打的學校作業文件，從小到大拍的照片、影片，一個一個被加密，變成附檔名 .encrypt，然後電腦螢幕上顯示：「想要打開妳的加密檔案，請付一元比特幣來解密。」此時淑英被嚇呆了，一直呆坐在電腦前。

小炫拿起平板電腦，玩起他的遊戲，原本他駕輕就熟當個蓋房子的高手，他把蒐集精美的石頭，拿來鋪平臺蓋他的天空之城，不知怎麼搞的他鋪的地板，怎麼一下子就消失了，最後連他的身影也不見了，他以為是遊戲程式的問題，沒想到過了不久後，電腦螢幕顯示：「如果你要拿回你的礦物，來蓋你的房子，請付零點一元比特幣。」

志成正在手機中，率領他部落的士兵，去採礦場修城堡、建築防禦火砲塔、訓練弓箭手，準備進攻其他的部落，沒想到正與另一部落打的難分難解時，遊戲突然暫停，一動也不動，正打的緊張刺激的志成，以為是手機秀逗了，關機再開機再進入遊戲，都是一樣一動也不動，他無奈等待遊戲有動作，但畫面還是靜止不動，三分鐘後螢幕顯示：「想要回你的部落、金幣、士兵，請付零點一元比特幣。」

最近這一星期，全世界的電子郵件、簡訊，充斥爆增大量垃圾郵件，上面的內容有假造銀行帳單、色情影片、郵局快遞被退、電子郵件被退等等，一打開連結就中了病毒，病毒迅速將一張張的照片、影片加密，一下子手中的相片檔、影片檔、音樂檔、聯絡資料及文件檔等等，統統被加密無法打開，最後在電腦或手機的桌面被改為綁架勒索的圖示，按了圖示後網站顯示，我幫你的電腦、手機重要文件備份加密，如果要復原這些文件，請付一元比特幣。

有許多電腦、手機未更新作業系統修補程式，輕易被病毒利用漏洞攻擊，造成電腦、手機中毒，無法玩遊戲、偷走遊戲中的寶物，甚至勒索遊戲中的寶物；還有手機、臉書的個人資料，包含大頭照、出生年月日、個人帳號及密碼、聯絡電話、信用卡號碼，通通被上傳至駭客的雲端，只要輸入自己的電話號碼，這些資料完全查得到，駭客在

手機及電腦中顯示，要買回個資者，請付零點一元比特幣。

小蜜被病毒勒索後，自己上網輸入電話查詢，果真她的個人資料一覽無遺，而且駭客盜賣這些資料，聲稱一千筆個人資料，只賣一元比特幣，小蜜嚇死了當場就哭了起來，她怕有壞人進行各種金融犯罪或綁架。

晚間電視新聞及報紙各大頭條報導，這次駭客攻擊行動代號為WannaLove，因為在病毒程式裡看到這樣的記號，記者猜說這駭客可能缺乏愛，所以才用這攻擊代號。偵九隊提供給國人的病毒感染地圖，全世界竟然超過一百多個國家感染，其中臺灣為全世界受感染最嚴重，大家都說駭客太殘忍了，以愛為名進而發動駭客攻擊行動，反而讓我們哭哭了。

因為災情太嚴重了，大家有志一同在臉書，紛紛發表他們的看法，首先淑英首先發難貼文，用悲傷的表情：

「我中了勒索病毒，我好想哭，我們家裡的照片及影片都打不開了，還有我小時候的照片……，我都忘了備份這些重要資料，沒有辦法復原了，藍瘦香菇……嗚嗚嗚。」

「怎麼會這樣呢？」

「就是沒注意電子郵件的陷阱，一按就中毒了，哭哭。」

「有辦法救嗎？」

「要我們付一元比特幣。」

「我今天玩遊戲也是被勒索，好不容易建立起來的部落，還有許多金幣、士兵，全部都不能用了，除非要付零點一元比特幣。」志成留言。

「我還以為我才慘了，大家都一樣，我辛苦花一年的時間，建立起來的天空之城，也瞬間沒了，寶寶心裡苦，但寶寶不說了。」小炫留言。

「我收到簡訊後，不小心按了連結，結果個人資料被上傳，要我付零點一元比特幣，嚇死寶寶了。」小蜜也哭訴著。

「說真的，你們會想付錢了事嗎？」幸助留言。

「我不要，太貴了，換另一個遊戲就好。」志成回覆。

「三千七百元呢？說真的，我也付不起。」小炫回覆。

「我真慘，媽媽還在考慮是否要付錢給駭客，不然照片、影片及文件都回不來了，而且我們都沒有備份，三萬七千元呢！」淑英回覆。

「這錢都快要可買一支手機了，我也付不起。」小蜜回覆。

「昨天我爸爸說，他們公司也有同樣情形，大家忙著恢復電腦資料，做到三更半夜。」小晴留言。

「討厭的駭客，不要被我們抓到，不然要他好看。」幸助回覆。

幸助心裡在想，上次他跟狄仁寧談話，他怪怪的好像變一個人，最後要我不要再玩圍棋佈局分析的遊戲，難道這遊戲也中毒了嗎?他是不是早就知道了?這件事跟他有關嗎?狄哥哥你怎麼都不上線，我一直想要跟你聊聊，你應該幫我們，無論幸助心裡如何吶喊，狄仁寧就像失蹤一樣，不再上線。

沒想到這時電鈴聲響，爸爸媽媽開門竟然看到美虹老師帶著警察來到家裡，警察表明身分，他們是偵九隊，因為查學校的駭客案，也意外發現最近全世界電腦手機遊戲被駭及綁架電腦、手機的文件案件，幕後操控的電腦，竟是在幸助家，所以請美虹老師一起過來。

「幸助在家嗎?」美虹老師問。

「他在房間，可是我們家幸助只喜歡玩電腦，不可能會是駭客。」爸爸一臉茫然說。

「爸爸說的沒錯，他沒有那麼厲害可成為駭客。」媽媽也附和說。

「那麼可否先請帶我們去幸助房間。」警察說。

在幸助房間外敲門，幸助打開門後，看到爸爸、媽媽、美虹老師及警察在門外，著實嚇一跳，偵九隊的警察看到幸助，口氣緩和的跟他說：

「幸助，請你不要害怕，美虹老師也在這裡，我們想問你幾個問題，只要老實回答就好了。」

幸助覺得很奇怪也害怕，但聽警察這麼說，他點點頭說好。

「我們查到學校印出的勒索信，是從你家的電腦印出，而且還駭進學校的監視系統，盜錄學校的監視系統，並且上傳至公開網站；除此之外，最近全世界電腦手機遊戲被駭及綁架電腦、手機的文件、照片及影音，幕後操控全世界的殭屍電腦，散發垃圾郵件病毒，也是在你家的電腦，你知道是怎麼回事嗎？」

「我不知道？」

「那你家電腦，除了你在用，還有誰在用呢？」警察問。

「只有我。」

「你最近使用電腦有怪怪的地方嗎?」

「只是用這臺電腦上網查資料、做功課學習、使用臉書,沒有什麼奇怪的地方。」

幸助心裡在想,一時也沒有覺得怪異的地方。

「那你的電腦借我用一下。」警察說。

警察使用一些偵測工具,在幸助的電腦中查出遠端控制軟體及相關的電腦紀錄。

「就是這臺電腦沒錯。」警察說。

「幸助,你最近有認識新朋友嗎?而且是電腦很厲害的人。」美虹老師問。

被老師這麼一問,心中浮出了狄仁寧,可是他幫我贏棋、克服學習的障礙,又幫同學抓詐騙犯,不可能會是他。可是他心中也懷疑狄仁寧好像知道什麼事,難道這件事與他有關嗎?他會是駭客陷害我嗎?幸助陷入兩難,要是說出來就是背叛朋友的承諾,不說又是對不起父母、老師的教導,他一時答不出話來。

「老師、警察在問,幸助要具實以答,不然就不是身為學生的本分。」幸助爸爸口氣嚴厲的說。

「我……我在臉書有交一位朋友，他是遊戲開發的工程師，可是我覺得他不是駭客才對。」

聽爸爸這麼說，他只好據實以答，不過他沒提及有關虛擬眼鏡及智慧手套。

「是不是駭客，讓警察叔叔查查看。」幸助爸爸說。

「怎麼都沒有聽你說呢？」幸助媽媽問。

「媽媽對不起。」

「請登入讓我看看。」警察要求說。

在警官的指示下，幸助登入了臉書，看到狄仁寧的個人資料，但幾乎是空的。

「你有跟他聊什麼嗎？」

「就是課業及圍棋的事。」

讓我看一下訊息對話，警官看到訊息對話也是空的，已經被人刻意刪除了。

「你有刪除訊息對話嗎？」

「沒有，我都沒動，而且他最近沒有跟我聯絡了。」

「只能求助美國臉書總部，請他們給我們狄仁寧帳號。」

「你這臺電腦被遠端控制，除了駭進學校電腦及錄影監視系統外，另外做為控制殭屍電腦去發送垃圾郵件，我們要帶回這臺電腦，做為電腦犯罪調查，如果狄仁寧有跟你聯絡或者你想到可疑的事，麻煩你務必告訴我們。」

等警察帶走電腦，跟美虹老師道謝後，幸助爸爸媽媽更想問清楚這件事。

「你為什麼要跟狄仁寧這陌生人交朋友呢？」媽媽首先質疑。

「他不是壞人。」

「你怎麼知道他不是壞人呢？」爸爸接著問。

「他是程式設計師，專門研究我們青少年的遊戲、課業及相關應用軟體。我的圍棋能打敗小炫，是因為他給我的圍棋佈局程式；還有期中課業進步，都是他教我運用心智圖做筆記及電腦查詢輔助教材的。」

「你是說期中考成績進步，也是他教的嗎？」

「嗯。」幸助點點頭。

「那你為何不說？」

「怕被你們誤會。」

「有什麼好誤會，難道他教你作弊嗎？」爸爸生氣的說。

「不是這樣的。」幸助有點委屈的說。

「還有他是程式設計師，具備有駭客的能力，所以他的嫌疑最大。」爸爸愈說愈生氣。

「我相信他不是駭客，也不會想害我的。」幸助愈說愈激動。

「你還小不懂事，許多不認識的陌生人，他會先做一些事討好你，取得你的信任後再來害你，不要輕易相信網路陌生人。」爸爸看到幸助委屈激動怕他受傷，口氣緩和下來，講道理給幸助聽。

「我不知道。」幸助大聲說，雖然他不相信狄仁寧是駭客，但爸爸說的有道理，他面臨兩難。

「幸助，爸爸也是為你好，要小心，如果他有跟你聯絡，一定要通知我們或者報警。」媽媽提醒幸助說。

「嗯。」在爸爸媽媽好心相勸下，幸助只好無奈的點點頭。

「雖是你的無心之過，惹出這場風波來，要禁足你一星期，而且不能使用電腦、

手機一個月。」爸爸嚴肅的說。

「爸爸不公正，我又沒做錯事，為什麼要被禁足，而且還不能使用電腦及手機？」幸助轉為氣憤的口吻。

「在臉書結交陌生人就是犯錯，希望藉此處罰，讓幸助記取教訓。」爸爸義正辭嚴的說。

「幸助，爸爸也是為你好，你要好好反省，除了不要在網路上亂交朋友，也要對我們誠實，媽媽支持爸爸的決定。」媽媽也附和爸爸的話。

幸助握緊雙拳，臉上生氣的表情，不再說任何話，像是無言的抗議，更讓他痛心的是，沒人相信狄仁寧是清白的，他真心的期望狄仁寧能夠趕快聯繫他，讓事情真相大白。

第十六章

駭客入侵

第十七章

追蹤駭客

第十七章

追蹤駭客

狄仁寧被警方懷疑是駭客，讓幸助的情緒很低落，在學校上課他心不在焉，回想過去狄仁寧幫他的事，真的會像爸爸所說，只是先取得他的信任，然後再來害他嗎？幸助心裡開始懷疑，想起狄仁寧跟他說過的話：

「嘿嘿嘿，沒想到一個電腦遊戲，竟然這麼神，我倒是想看看是如何吸引人？我決定附身看看。」

「這遊戲真的迷人，我要多玩玩，而且要玩更多的遊戲。」

接著小炫、志成玩的手機、電玩遊戲就被感染病毒，然後被勒索付錢；而淑英、小蜜的電腦及手機的個人資料及文件，也是遭受到駭客的勒索，而我的電腦被駭客控制，並透過它來控制全世界的殭屍電腦，來散發垃圾郵件夾帶病毒，讓他們受害。

被爸爸媽媽禁電腦、手機一個月，幸助心想要如何找到駭客還狄仁寧清白，終於等到上 Scratch 程式設計課，他把上次駭客的 Scratch 程式打開，檢查他的程式，看是否可查出什麼？幸助在 Scratch 舞臺區，只是看到一些動畫製作，但找不到什麼線索；在角色區中看到角色的名字叫「jwj yrtkr pp」，心想駭客亂取角色名字，英文比我好不到哪裡去；又在積木區中的造型，看到造型聖誕老公公及駭客，這聖誕老公公的大頭貼好面熟？好像在哪見過？幸助沈思了一會兒，忽然想到。

「對了，這不是臉書聖誕老公公的大頭貼嗎？難道駭客是聖誕老公公？」

然後幸助又想起，聖誕老公公最後回話也是怪怪的：「我會一直盯著你！」難道入侵我電腦的駭客，跟入侵聖誕老公公臉書帳號是同一人嗎？既然狄仁寧的臉書不再上線，或許……突然間幸助好像想到什麼，於是他進入臉書，他到聖誕老公公留下訊息：「請問你是狄仁寧嗎？」

但是過了許多，訊息並沒有被讀取，幸助不死心想用激將法，使得聖誕老公公回覆，於是又留下訊息：

「你不是一直盯著我嗎？怎麼不敢出聲了？」

就在此時，他的訊息被讀取了，而且正在輸入訊息：

「小鬼，我當然一直盯著你。」

「我才不信。」幸助故意再激他。

「我知道你的聖誕禮物是智慧運動手環，信了吧？」

幸助心想這駭客真厲害，正想再繼續問下去時，他忽然回覆：

「不想跟你這小屁孩打屁，我還有正事辦，除非你找到真正的我。」

他回覆完後，無論幸助如何激他留言，也都未再讀取了，好不容易找到駭客的幸助，這時又重回到原點，他心想駭客的留言：「除非你找到真正的我。」這難道是駭客故意留下的線索，要我去找到真正的他嗎？如果是這樣，他的目的為何？那要如何去找他呢？既然他用聖誕老公公的大頭貼，這造型駭客的大頭貼，也一定在臉書也找得到，幸助此時想起狄仁寧教他，如何用圖片搜尋，於是幸助利用Google的圖片搜尋，結果不找還好，一找差點暈倒，共有上百張圖片符合，而且大部分都在臉書，每個人的名字都不一樣。

「這麼多人喜歡當駭客？不管如何，用盡我洪荒之力，我也要找到你，幫狄仁寧洗脫罪嫌。」幸助自言自語的說。

他心想一定要縮小範圍才可以，忽然想到在角色區中的角色名稱為「jwj yrtkr

pp」，這一定是駭客留下的線索，他英文不會這麼爛吧？但這到底是什麼意思？難道是加密的東西嗎？可是我又不懂密碼，怎麼解開啊？正當幸助想破頭時，美虹老師在臺上說，學校即將要比賽電腦中英文輸入比賽，有興趣可以報名參加，獎品豐富，他眼睛一閃看到電腦鍵盤，每一個英文及數字鍵都貼有注音及倉頡的符號，比對駭客角色的命名，每個英文字都有空白，就像我們注音輸入的輕聲，他靈光一閃似乎想到什麼？

「難道？」幸助自言自語說。

他先用注音輸入ㄨㄊㄨ(jwj)，但是注音沒有這個字，他又試了其他兩個，都沒有這種字，正當他要放棄了，他不小心轉換輸入法到了倉頡，「J」的對應倉頡為「十」，他忽然腦筋一閃按了「jwj」對應到倉頡拆字「十田十」為車，再試「yrtkr」為「諾」，最後一字「pp」為「比」，三個字出現在眼前為「車諾比」，難道駭客的名字叫車諾比嗎？他又查了車諾比的維基百科及它中文注解，是有關核災事故發生地，另外中文為艾草，在端午節將艾草插在門口，可招百福使身體健康，在倉頡造字說明，艾與愛同音同源，艾燃燒所產生的頻率具有最原始的母愛的頻率，又如冬日的暖陽，讓人有

一種回歸的溫暖感，可以治療癌症。

「這駭客取這名字，應該是要散播愛心、治療癌症的，要當電腦醫生才對，怎麼當駭客勒索呢？乾脆把狄仁寧哥哥教我的心智圖畫一下，看看能不能找出什麼線索。」

問題：駭客勒索

人：車諾比（艾草）

事：勒索

時：十一月中旬

地：學校

物：駭客 Scratch 程式→ jwj yrtkr pp →找到車諾比→艾草（愛）

可是這樣只能方便記憶，又不能找出新線索，這時他突然想到說：「不對，最近電視新聞媒體報導，駭客攻擊代號是 WannaLove（想要愛），難道有什麼關聯嗎？」於是他又畫了另一個心智圖。

問題：駭客勒索

人：？

事：勒索

時：十一月中旬

地：全世界

物：病毒程式→ WannaLove(想要「愛」)

等他畫完突然大叫一聲，好像找到新的線索，美虹老師及同學都看著他，他揮揮手跟老師說：「沒事。」大家又靜靜在電腦面前，寫自己的 Scratch 程式。

幸助心想：「在駭客 Scratch 程式中找出駭客是叫車諾比，而其中文名字，艾（愛）草的艾與『愛』同音義，跟感染全世界電腦、手機病毒程式，攻擊代號是 WannaLove(想要『愛』)，都是有『愛』的暗示，再參考時間及事件幾乎相同，所以這一定是同一位駭客，故意在程式留下的線索，駭客一定是車諾比。而且因為『愛』才發動這次攻擊勒索事件，他必定缺乏別人的關愛，所以才主導綁架勒索全世界電腦、手機，如果是這樣的話，他一定很可憐、很自卑，需要別人愛他，所以最好不要激怒他，反而看看能不能用『愛』來說服他，讓他提供解藥給我們。」

幸助將兩張心智圖融合找到的新線索，最後只剩找到車諾比是誰了，於是他在

Google 圖片搜尋中，再打入文字「車諾比」，果真只剩下一位在臉書叫車諾比。這時幸助雖然高興找到他，但心裡又害怕這位可惡的駭客，於是他深深的吸一口氣，緩和他的情緒，然後在車諾比的臉書發訊息：

「找到你了，聖誕老公公！」

果然這訊息引起了駭客馬上讀取回覆：

「小屁孩頭腦靈光，果然有『幸』運之神相『助』！」

幸助心想這駭客還會說冷笑話，但幸助似乎一點也不想跟他打屁，於是他開門見山的問：

「你為什麼要向學校勒索？」

「那是狄仁寧向學校勒索。」

「我不信，你為什麼陷害狄仁寧哥哥？」

「不信就算了，好人、好事、好東西都給了狄仁寧，我心理不平衡，我要取代他。」

幸助心想，果真駭客因愛而嫉妒狄仁寧。

「你把狄哥哥怎樣了。」

「我為什麼要告訴你，我又沒什麼好處？」

幸助心裡非常擔心狄仁寧的安危，但又不能激怒眼前這位駭客，於是他想了一計。

「你的名字不是叫車諾比嗎？中文名字為艾草，想必名字如其人，可招百福使身體健康，如果你能幫忙一件事，我相信這才是你的本性。」

「小弟弟有用功，看在你這麼認真的份上，說說看說不定我能幫上忙。」幸助好像正中駭客下懷一樣，這時駭客從嚴肅轉為微笑。

「最近許多電腦、手機中的資料被駭客綁架勒索，而且我的朋友玩遊戲，也遭到駭客勒索，如果你可以幫忙解決，你就是電腦的艾草，幫忙電腦解毒免於駭客綁架勒索，使電腦身體健康，必定受到大家的『愛』戴，絕對比狄哥哥更出名。」

這時車諾比在一旁偷笑，他故意留下的線索，沒被偵九隊發現，反而被幸助解開，狄仁寧把他教得機靈，等我解決狄仁寧，變成受人愛戴的電腦高手，再來解決幸助，不留下任何痕跡，於是故意將計就計說：

「我想想……，那就請你在臉書貼文，說狄仁寧駭客害大家雞飛狗跳，聖誕老公公請車諾比（註一）先生幫忙解毒及給解勒索病毒的金鑰密碼。」

「可是我不相信狄哥哥是駭客。」

「不相信就算了，大家就無法得到解藥。」

幸助心想：「看起來車諾比有點自卑，才會嫉妒狄仁寧哥哥，如果我不答應，解藥就沒了，只好先答應，反正這又不是證據，到時偵九隊調查出來，一定會還狄哥哥清白的。」

「好，我答應。」

「還有，條件是要在一天內，蒐集十萬個讚。如果成功，遊戲病毒自動會解除；拿金鑰密碼就可解開加密的影音、相片及資料文件；還有會刪除儲存在雲端的個人機密資料。」

「十萬個讚？你不是強人所難嗎？」幸助覺得車諾比故意出難題給他。

「不然我得不到『愛』戴的，哈哈哈！」車諾比心中盤算著，就算得不到十萬個讚，他也會給解藥，因為他真正的目的是嫁禍給狄仁寧。

「幸助，不要相信他，他有計謀的。」突然車諾比插入這訊息。

「我快要攻破你了，少插嘴！」車諾比又插入這訊息。

在電腦面前的幸助，看到這兩個訊息愣住了，怎麼跟上次聖誕老公公的情形一樣，回覆的人像是有雙重人格，而他再打任何訊息給車諾比，車諾比都不再讀取及回覆，幸助此時心中非常猶豫，到底要不要相信他，正陷入沉思時，美虹老師在臺上一直叫著幸助的名字：

「幸助、幸助、幸助……」

但幸助似乎沒聽到老師的叫名，都沒有反應，大家的眼光又看著幸助，這時美虹走到臺下，旁邊的同學看到，趕快拍著幸助的肩膀，這時幸助突然驚醒過來，美虹老師走到幸助旁說：

「幸助你還好嗎？」

「老師，幸助夢周公了！」臺下同學都的笑著說。

「老師，幸助想報名中英文輸入比賽！」小炫調侃說。

這時幸助聲音顫抖的說：

「老……師……，我找到駭客了！」

這時臺下的同學原本取笑幸助，反而表情變為嚴肅，聚精會神想聽幸助說，幸助

一五一十跟老師及同學報告，他是如何找到駭客及他們的對話，同學都覺得幸助太厲害了，覺得他的思考邏輯太不可思議，學校都沒教過，這時美虹老師馬上跟偵九隊聯絡這件事。

偵九隊一票人來到學校後，跟美虹老師訪談後，偵九隊對幸助說：

「幸助小弟弟，我們又見面了，剛聽老師說，你找到了駭客，真是令我們訝異。」

「是幸運找到。」

「看你找到駭客的方法，絕對不只幸運，而是有系統、有邏輯的思考，請問是誰教你的？」偵九隊有點不相信是幸助找到的。

「如果我說這是狄仁寧哥哥教我的，你們會信嗎？」幸助想幫狄仁寧說話。

「他是駭客嫌疑犯，又教你如何抓駭客，真是有趣，不管如何，他一定跟這案件有關。」

「我不相信狄仁寧哥哥是駭客。」幸助反駁偵九隊。

「你很信任狄仁寧，我們瞭解了，再幫我們一個忙，不管駭客對你的承諾是否為真，以及狄仁寧是否為駭客，為了所有受害者的利益，請你照駭客所說去做，蒐集十萬個讚，這樣也有機會引蛇出洞，抓到真正主謀。」

「嗯，我會盡力幫忙。」

幸助知道這麼做會破壞狄仁寧哥哥的名譽，但總得冒險一試。偵九隊得到幸助的資訊後，繼續跟美國臉書總部調閱「聖誕老公公」及「車諾比」的網路紀錄，做為辦案參考，只知道「聖誕老公公」的帳號確實被駭，而「車諾比」是網路匿名，而駭客利用多變虛擬私人網路，也查不到真實ip位址登入，只能等待幸助的幫忙，看是否能引出這駭客。

註一：車諾比CIH病毒，英語又稱為Chernobyl或Spacefiller，是一種電腦病毒，其名稱源自它的作者，當時仍然是臺灣大同工學院學生陳盈豪的名字拼音或注音（Chen Ing-hau）縮寫。它被認為是最有害的廣泛傳播的病毒之一，會破壞用戶系統上的全部資訊，在某些情況下，會重寫系統的BIOS。因為CIH病毒的發作日期為4月26日，正好是前蘇聯（位於今日烏克蘭）核電廠災害「車諾比核事故」的紀念日，故曾被認為病毒作者撰寫動機和車諾比事件有關，因此CIH病毒也被稱為車諾比（Chernobyl）病毒。（資料來源：臺灣維基百科）

第十八章 十萬個讚

於是幸助在臉書，照著車諾比的建議貼上文章，剛開始受到同學、朋友的關注，成為熱門貼文，許多人都留言及按讚，幸助期望能夠超過十萬個讚，解除網路的勒索。

「趕快按讚，我的天空之城要回來了！」小炫留言。

「趕快按讚，我要重整我的部落，變得更強！」志成留言。

「趕快按讚，多麼懷念我小時候的照片、影片，一定要解密復原回來。」淑英留言。

……

幸助回到家裡跟爸爸媽媽誠實報告這件事，雖然剛開始他們很生氣他上課不認真，但至少這次幸助沒有隱瞞，而且還幫助警察及老師找到駭客，於是爸爸說：

「雖然你的處罰還沒完畢，但你必須要協助警方找到駭客，所以有關這件事的使用電腦及手機是被允許的。」

幸助聽了非常高興說：「謝謝爸爸！」

「別高興過頭了，如果被我們發現亂用電腦及手機，處罰加倍。」

「遵命老爸！」

幸助迫不及待用爸爸的手機登入了臉書，但一小時過去了，按讚的次數才一百多個，雖然這在動態貼文中，已經相當熱門，但這樣的速度，恐怕一天後連一千個讚都達不到。

「怎麼辦，才一百個讚，這一定達不到十萬個讚。」幸助留言。

「同學們，請大家一起來幫忙，幫了幸助，也等於幫自己。」小炫留言。

「有沒有搞錯，小炫號召大家幫忙幸助，不過我喜歡。」志成留言。

「那要怎麼幫？」小蜜留言。

「把大家最擅長的地方，發揮在網路上，讓這貼文可以廣為流傳。」淑英留言。

「那我來分享到遊戲的社團，一定有許多人和我一樣，遊戲中毒被勒索，請他們來按讚，如果能達成十萬個讚，我會模仿巢哥，錄製蓋天空之城的影片分享。」小炫留言。

「那小炫會不會變成『巢哥』呢?我要當影片中的佳賓。」志成回覆。

「叫我炫哥,我們一起來搞笑解說!」小炫回覆。

「那我要開始『放火』了,成為PTT板主,把它轉貼到各網路媒體,如同病毒一樣快速散播。」志成留言。

「我來自拍個人資料隱私VS個人身體隱私,我來親身示範如何避免資料外洩的招數,分享到網紅的粉絲團,請網紅幫忙分享按讚。」小蜜留言。

「小蜜一定是『小玉』的分身,請先幫我簽名,我怕妳以後成為網紅後,再也沒有機會跟妳說話了。」小炫回覆。

「只要有十萬個讚,我一定幫你簽名,我還會附上我的大頭貼。」小蜜笑著回覆。

小炫貼上一個驚嚇的表情!

「我來跟我弟弟、妹妹錄製三分鐘影片,因為勒索病毒讓小時候的回憶消失,請大家團結起來要求解藥及解密,上傳至YouTube中,讓Google搜尋引擎透過關鍵字搜尋到他的臉書貼文。」淑英留言。

「我從淑英姐弟妹身上,看到了YouTuber『這群人』的身影。」小炫回覆。

「應該是『這群姐弟妹』！」志成回覆。

「大家都想當網紅，想到瘋了嗎？」小炫回覆。

大家一齊按笑臉表情符號，趕緊分頭進行他們的任務。

小炫請爸爸幫他錄製如何建造天空之城，及建立自己的部落，加上跟志成的搞笑對話，一唱一和讓影片十足笑果，最後出現一個駭客的身影，小炫模仿駭客的聲音，勒索比特幣的畫面，「不給比特幣，你所玩的遊戲的城堡、礦物……還有你玩部落的金幣、士兵，全部都不能用了，這時有十萬個讚做成的棒子，打了駭客的頭，吐出了遊戲所有寶物的畫面出現。我們需要你在臉書按讚，來製作解藥，讓駭客無法勒索你！」這搞笑又有訴求的影片，小炫及志成分別貼文在臉書、PTT及Dcard的遊戲討論區等等。

小蜜請媽媽幫忙，將她畫的一位漂亮的女孩掃瞄成電腦圖檔，個人資料如姓名、身分證字號、電話、電子郵件、性別、生日等等，分別對應這女孩的身體各個器官，個人資料被駭客竊取後，就有X光照在這女孩身上，讓穿著衣服的女孩，在X光照射下衣服及器官變成透明一覽無遺，讓女孩用手遮掩重要部位，最後畫面出現「我們需

要你在臉書按讚，在網路刪除你的個資外洩，讓駭客無法賣你的個資！」，影片上傳至YouTube，爸爸媽媽幫忙轉貼宣傳。

淑英請她的弟弟、妹妹一起錄音，請爸爸媽媽把封存的相簿中，將實體照片掃瞄變成圖檔，影片名稱叫做「我們的第一次」，他們替每一張照片配音，首先是弟弟的嬰兒照，露兩點加上光溜溜的屁股，你看多可愛的嬰兒，照片名稱叫「第一次出生」；一位小孩包著尿布在學走路，走路超級可愛，照片名稱叫「第一次學走路」；一位小孩張開嘴巴用湯匙吃飯，露出兩顆門牙，旁邊掉了滿地的菜飯，照片名稱叫「第一次用湯匙吃飯」；一位小孩嘴巴張開，旁邊是爸爸媽媽親切的微笑，照片名稱叫「第一次牙牙學語」；一位小朋友在學校教室，很害羞跟同學及老師互動，照片名稱叫「第一次上學」；三個小朋友，在互搶一顆蘋果，照片名稱叫「第一次吵架」……等等，突然畫面出現一個大X，駭客把所有相片都刪除了，出現「被刪除的記憶」，大家一起哭哭的聲音。最後字幕打出「我們需要大家在臉書按讚，把小時候的美好回憶找回來！」他們上傳至YouTube及臉書，附上幸助的貼文網址，建立關鍵字查詢，讓更多人容易搜尋到，許多人看到影片，都好有同感也好氣憤。

經過小炫、志成、小蜜、淑英及全班創意的網路分享，雖然製作影片的手法很粗糙，但有搞笑、有害怕、有氣憤更有感動，讓一隻看不見的手，正在網路推播及擴散，有如病毒行銷一樣，按讚的次數一直在累加，經過了睡覺時間，十二小時後已經累計到上萬了，星期三中午幸助與同學放學回家後迫不及待在監視著，時間只剩不到兩小時，已超過五萬個讚，幸助心裡還是萬分的著急，但他已經沒有其他好方法了。

幸助為了緩和緊張的心情，他戴上虛擬眼鏡、虛擬手套，彈起他的小星星變奏曲，他自己正沉浸在這美好的旋律當中時，曲譜突然掉了下來，背面寫著「李昭安教授 虛擬大學 電話：09xx-xxx-xxx」，這時幸助才想起，這不是狄哥哥生病時，跟我說：「假如我生病找不到我時，又真的遇到問題時，請找我的老師……」，「李昭安」這名字好熟悉，但一時想不起來。

於是幸助拿起電話，打電話給李昭安教授，電話那頭接起說：

「你好，我是李昭安，請問哪裡找？」

「李教授您好，我叫翁幸助，是狄仁寧的朋友，他好像生了重病，一直都沒跟我聯絡，他請我在他生病時找您。」

「狄仁寧？我不認識他，你的聲音像是小朋友的童音，你知道我是做什麼的嗎？」

「不知道。」幸助老實的回答。

「那你找錯人了，不好意思，我要掛電話了。」李教授以為是小朋友惡作劇。

「等等，先不要掛，電話是正確的，應該不會有錯，那您是不是會抓駭客，還是研究學習的高手？」幸助突然想到。

「嗯，我的專長是研究資訊安全及人工智慧，抓駭客我內行，可是我為什麼要相信你的話呢？」

「這是狄仁寧告訴我的，而且我們目前正遭受駭客勒索。」

李教授一聽，不得了，他正在懷疑最近的網路勒索案件，不知是否跟他病毒實驗室跑掉的病毒有關，如果是他疏忽造成的，他的名譽可會受損，他在想是否可以趁機查明。

「那你有證據嗎？」

「有，證據就是我的電腦，不過已被偵九隊拿走了。」

「你可以給我偵九隊的聯絡人電話嗎？我馬上調查。」

「當然可以，不過您還要再幫我找狄仁寧。」幸助聽到李教授有興趣了，而且似乎很急的樣子，所以順勢要求說。

李教授當然不願意談條件，尤其他又不認識狄仁寧，怎麼可以答應幸助呢？

「可是我真的不認識狄仁寧，叫我怎麼幫你查？」

「他說您是他的老師，您不是研究資訊安全及人工智慧的專家嗎？狄仁寧是一位程式設計師，專門寫遊戲程式，尤其幫我寫了一個圍棋佈局分析程式，還有研究我們青少年的學習，把這些研究改進電玩遊戲及學習，難道他不是您的學生嗎？」

李教授一聽到圍棋程式，他想起之前他研究的人工智慧的領域就是圍棋博弈，電腦跟棋王對戰，難道狄仁寧真是他的學生嗎？可是他一點也想不起來，為了不耽誤調查時間，他只好先答應，若以後真的找不到，他也只好據實以告。

「好，我答應你，我之前可是研究人工智慧領域，電腦對戰棋王就是我製造出來的，我相信狄仁寧應該跟我是同業，要找並不困難。」

幸助聽了非常高興，馬上給李教授偵九隊聯絡電話。就在此時家中的電話響起，幸助媽媽叫幸助聽電話，是小炫打來的。

「幸．幸．助，不．不．得了，你貼文已經是秒．秒．讚，剛剛已經累積到十．十．萬個讚了！」電話那頭，小炫驚訝到說話打結。

「真的呀！太不可思議了，那病毒有退散了嗎？還有給出解密的金鑰嗎？」

「有，我剛剛試了，平板電腦的遊戲已恢復正常，沒有要比特幣勒索了，你趕快看臉書，你的臉書快爆了。」

這時電話插撥進來。

「你等等，有電話插撥進來。」幸助說。

「不用等了，只是跟你說一聲，記得我幫你的十個讚。」

小炫掛斷電話後，幸助又接起電話，電話那頭是淑英打來的。

「幸助，你真是太厲害了，已經十萬個讚了。」

「我知道了，剛剛小炫有說，妳的照片、影片及資料可以看了嗎？」

「我就是要跟你道謝的，已經拿到解密的金鑰，解開我小時候的影片跟照片了。」

「真是太好了！」

「真的謝謝你！」

十萬個讚

電話那頭一個害羞的飛吻後，淑英就不好意思的掛斷電話了，留下驚喜的幸助。

第十九章
誰是駭客

這位駭客到底是好人還是壞人？他為什麼要偽裝成聖誕老公公來騙我？為什麼要嫁禍給狄仁寧？他們到底是有什麼深仇大恨？他發動病毒攻擊手機、電腦，勒索受害者，然後又信守承諾提供解毒解密給受害者，讓大家愛戴他，兩手策略到底是為什麼？

一連串解不開的疑惑，幸助真的是想破頭了，他無奈只好又戴上虛擬眼鏡、虛擬手套，彈起他的小星星變奏曲，希望狄仁寧能在校慶那天，遵守承諾來學校聽我彈鋼琴，更擔心狄仁寧的安危，現在的他什麼也幫不上忙，只好把這思念化作彈鋼琴的動力，正當幸助投入鋼琴彈奏時，虛擬眼鏡的通話突然通了，傳來狄仁寧的聲音：

「幸助，快追蹤解密金鑰來源位置。」

「狄哥哥，你到底去哪裡了，怎麼這麼久都沒有你的消息，我好擔心你，你是不是又生病了。」

「對不起！」

「我就要變成他了！」狄仁寧又說，聲音有點高亢激動，可是不像他的口氣。

「本是同根生，相煎何太急！」

當幸助正要問這句話的意思時，這時聽到「砰砰」的爆炸聲，幸助被嚇得愣住，虛擬眼鏡的通話就斷線了，完全無聲無息，今天晚上到底怎麼了，好不容易李教授願意幫忙找狄仁寧，然後得到十萬個讚後，駭客幫忙解毒解密，而狄哥哥要我追蹤金鑰來源位置時，卻發生了爆炸斷訊了。

幸助被嚇醒後，告訴了爸爸媽媽說：「狄仁寧有用網路電話打給他，請他追蹤金鑰來源位置，結果聽到爆炸聲就斷訊了。」爸爸媽媽肯定他，願意在第一時間告訴他們。

另一方面，李教授聯絡上偵九隊後，他們同意李教授協同追查這駭客，原先從臉書總部及幸助的電腦中查不出駭客在哪，而李教授看到幸助電腦中的駭客工具，自己感覺非常驚慌，之後更慚愧的說：

「真是對不起大家，駭客所用的病毒當作入侵及遠端控制工具，都是從我的病毒實驗室偷走的，這些病毒上面都有實驗室的記號。」

「那教授有辦法找到誰利用這些病毒及駭客工具嗎？」

「這駭客太厲害，早已毀滅入侵紀錄了。」李教授臉色凝重的說。

「那李教授認識車諾比嗎？幸助說可能是他入侵聖誕老公公臉書，又幫忙解毒解密的人。」

「車諾比？這不是蘇聯烏克蘭車諾比核電爆炸的地名嗎？」

「美國臉書總部提供給我們，聖誕老公公及狄仁寧臉書帳號登入的ip，是同一個位置，可以確定是同一人，但那ip位置也是被遠端搖控的電腦，駭客很厲害刪除控制源頭ip位置，而且查不到車諾比這個人。」

這時李教授來回走動思考，突然想到一件事，拿起幸助電腦中一個執行檔，放在他的檔案分析工具中，看到了這檔案各個段所尚未填滿的地方，被寫入病毒，這種病毒行為就是車諾比病毒，而李教授臉上有點吃驚的表情。

「車諾比不是人名，而是病毒名字，駭客偷了我實驗室這隻病毒，而且修改強化其功能，以車諾比的感染散播為中心，並且打包駭客工具及病毒，成為一個各項功能都有的強大病毒巨人。」

正當李教授跟偵九隊在討論時，接到幸助和他爸爸媽媽打來的電話，說明駭客已經解除遊戲病毒及給金鑰解密碼。

「這駭客真讓人搞不懂，控制了狄仁寧及聖誕老公公帳號，發動病毒攻擊手機電腦，勒索受害者，又提供解藥解密，他的目的到底是什麼？」偵九隊很傷腦筋的說。

「狄仁寧打網路電話給我，請李教授及警察叔叔趕快追蹤金鑰來源位置。」幸助很急促的說。

「駭客這次有這麼笨嗎？留下足跡讓我們追查？」偵九隊懷疑的說。

「追蹤駭客的首要任務，就是不能放過任何的線索，那狄仁寧還有說什麼嗎？」李教授好奇的問。

「沒有，正要問時，聽到爆炸聲就斷訊了。」幸助回說。

「難道被滅口遇害了嗎？」李教授懷疑的說。

「謝謝幸助及爸爸媽媽所提供的資訊，我們會馬上追查。」偵九隊說。

原本以為找不到駭客源頭蹤跡，李教授及偵九隊正頭痛時，幸助提供了資訊，在半信半疑下，他們馬上展開追查，從雲端給的金鑰位置，再查那個ip位置連線，抽絲

剝繭鉅細靡遺，在駭客層層控制傀儡跳板電腦，最後找到了原始入侵的操控 ip 位置。

「真的沒想到，駭客竟然在這次忘了毀滅入侵紀錄的源頭，簡直不敢相信。」偵九隊說。

「狄仁寧這傢伙到底是誰？真的是我的學生嗎？能提供這條線索，表示他是受害者，並不是加害者。」李教授說。

找到原頭操控 ip 位置已經是半夜了，他們解析 ip 位置得到這臺電腦的位置，是在幸助他們打棒球破窗的那所大學。他們半夜時分跑到這所大學看，駭客竟然利用這所大學報廢的電腦，他們進入教室看到一臺佈滿灰塵的電腦，教室裡的電腦，只有這臺電腦電源線是插著，但無法開機，警察鑑識小組戴著手套，打開背後機殼一看，電腦主機板及 CPU 附近的塑膠板，有被燒焦的痕跡，他們當場傻眼，這臺壞掉的電腦，會是駭客利用的終端電腦嗎？

這時李教授看了佈滿灰塵的機殼，上面印有這臺電腦名字 Deep Learning（註一），他臉色轉為凝重說：

「這……這……是我以前研究用過的人工智慧電腦，這臺電腦之前是下西洋棋，後來我接手後改造成下圍棋，並且打敗過世界棋王，可惜我調職後，移交給下一任同事，沒想到已放在報廢的電腦教室。」

「駭客利用報廢的電腦，比較不會引起懷疑，而且最後毀掉它。」偵九隊說。

「我們看外觀初步鑑識，這臺電腦應是CPU過熱，引起毀掉CPU及主機板及硬碟等等，你看CPU旁的塑膠板熱熔塌陷最大，也引起主機板燒毀。」警察鑑識小組說。

「駭客把CPU操到爆炸，像是毀滅證據，真是有夠厲害。」偵九隊說。

「如果這樣，還留下線索讓我們追查到此，駭客應該把上一層的操控紀錄刪除，這樣才可以雙保險。」李教授說。

「李教授，雖然這臺電腦主機板及CPU都被燒毀了，硬碟應該也壞了，可否試試分析這硬碟的殘留資料，看是否有留任何蛛絲馬跡。」偵九隊說。

這時李教授拿起這臺電腦的硬碟，放入一個外接硬碟的盒子，連接自己的筆記型電腦做分析，果然硬碟整個儲存大部毀壞，但李教授用特殊工具復原後分析，救回少部分資料，不一會兒，李教授很驚訝的說：

「果然，這臺電腦中有我實驗室偷跑的車諾比病毒。」

「駭客到底怎麼操控這臺電腦？真的有進來這教室嗎？」鑑識小組問。

「這臺電腦是專業用電腦，基於保護原則，是不可以遠端搖控，駭客一定在這操控，除非換一個新的作業系統。」李教授說。

「嗯，幸助還聽到爆炸聲，所以應該是電腦被操爆了，或者電腦自爆才會聽到聲音，隨後斷訊，所以這裡一定是案發現場。」偵九隊說。

「這裡門窗緊閉，照理說一定有駭客使用這臺電腦的證據，可是滑鼠及鍵盤上佈滿灰塵，沒有任何的指痕，真的好奇怪。」鑑識小組說。

「或許駭客用其他輸入方法操控這臺電腦，我們調一下監視錄影器看看，是否有人闖入使用。」偵九隊說。

「嗯，只能如此。」鑑識小組說。

於是他們把學校錄影系統調出來，看完學校保留一星期的監視錄影後，找不到有任何人進入這廢棄電腦的教室，無法確認一星期前駭客是否提早進入，再利用電腦預約排程（時）方式來操控電腦，但是幸助要解除病毒及金鑰解除加密文件的事，是一天前的事，駭客不可能事先可以用預約排程來做，但因為大家沒有新的證據，來找出誰是駭客，只能從幸助的電腦中查獲的資訊，及這次全世界勒索病毒的攻擊，都跟狄仁寧有關，不排除他自導自演故弄玄虛，此案在全世界關注的壓力下，偵九隊只好先發布新聞稿：

「駭客入侵圍棋電腦，感染全世界的電腦、手機遊戲；及將影音、照片、文件加密；竊取個人資料，並且加以勒索，由於駭客良心發現，自動製作解藥解毒；並且提供金鑰可將加密的影音、照片、文件解密，以恢復原檔案；自動刪除上傳雲端個人資料，而原始入侵的人工智慧圍棋電腦，主機已整個燒毀，目前狄仁寧涉有重嫌，希望他能自首自清。」

而幸助看到新聞報導後，他非常後悔懊惱，因為他聽從駭客車諾比之言，在臉書陷害了狄仁寧，很自責，但又不得不做這事，讓大家能得到駭客的解藥及解密，希望狄仁寧能早日出現自首自清。

由於新聞報導這駭客事件，偵九隊因找不到駭客，被媒體修理得很慘，因駭客使用的電腦是李教授之前研究的圍棋電腦，讓李教授受訪駭客入侵的手法，主持人在介紹他時，剛好秀出他臉書團體合照的大頭貼，被眼尖的幸助發現，在電視面前的他大

叫：

「這．這．不是鬼婆婆，上次在臉書要找的兒子『李昭安』嗎？哎呀！我怎麼忘了他的名字。」

「等等，我想起來了，可是他在臉書回覆說他母親已過世了，所以我們才放棄更進一步聯絡。」

「不過他是鬼婆婆認為最像他前夫，團體照片太小可能不清楚，這次我想辦法拿到他的獨照了，再讓鬼婆婆看一次，或許還有一線希望，如果鬼婆婆說不像，那就不要再打擾李教授。」

於是幸助在臉書跟李教授成為好友後，在他的臉書下載了一張他的大頭貼傳給了鬼婆婆，鬼婆婆在臉書訊息中，看到這張照片，眼淚都流了下來，跟我的前夫簡直太像了，鬼婆婆把他前夫的照片用手機拍照上傳給幸助看，幸助也轉傳給李教授，李教授看到後，簡直不敢相信，這照片就是他爸爸年輕時的相片，怎麼會在幸助那邊，於是幸助請爸爸媽媽幫忙牽線，請鬼婆婆與李教授見面。

在幸助爸爸的安排下，在一家咖啡廳裡，鬼婆婆與李教授見面，雖然未能證實李教授就是鬼婆婆的兒子，但鬼婆婆一見到李教授，就非常激動、淚流滿面，抱著李教授。

「昭安，我好想你，快四十年沒見了。」

李教授被這突如其來的一抱，雖然覺得很尷尬，但心想眼前這位老婆婆有可能是他母親，也不忍心推開鬼婆婆，就輕輕的拍著老婆婆的背。

「伯母，您怎麼會有我爸爸年輕的照片。」

「他是我前夫啊！你的爸爸啊！」鬼婆婆激動的說。

「可是我爸爸跟我說，我媽媽在我五歲時已經去世了，這到底是怎麼回事？」

「那你媽媽叫什麼名字？」鬼婆婆問。

「她叫莊素蓮，可是你叫莊瓊美。」

只見鬼婆婆更加激動，更緊緊握住李教授的手說：

「你真的是我兒子，你爸爸叫李世萬，對不對？」

「沒……錯……」李教授心裡有底了，聲音顫抖的說。鬼婆婆上次臉書尋親，他以為是詐騙的人，因為他媽媽不叫莊瓊美。

「當年跟你爸離婚後，家人認為我的八字不好，才會離婚，所以叫我去改名，我

本名叫素蓮，但為了合八字，改為瓊美。」

這時李教授的眼淚撲簌簌流了下來。

「離婚後，你爸又不讓我知道你們搬去哪裡，才會讓我找你找了四十年，昭安我兒。」

「難怪我每次提到妳時，爸爸總是不高興，爸爸還說他怕會想妳，所以把妳的照片都給燒毀了，因此我一直沒有妳的照片，原諒孩兒不孝。」

「不能怪你，你爸爸應該很恨我，才會造成我們母子分離。」

這時換成李教授抱著鬼婆婆說：「媽媽，原諒孩兒不孝。」

在此時，這對母子相認溫馨的畫面，被幸助刻意的捕捉到，貼文在臉書上，許多人都非常感動，而這張照片成了鬼婆婆封面照片，結果被新聞媒體大力播放臉書尋親的故事。

註一：Deep Learning，作者是引用 Deep Blue 超級電腦，來做為書中的主角 Deep Learning 人工智慧圍棋電腦。

深藍（Deep Blue）是由 IBM 開發，專門用以分析西洋棋的超級電腦。一九九七年五月曾擊敗西洋棋世界冠軍卡斯巴羅夫。（資料來源：臺灣維基百科）

第二十章
真相大白

Chapter 20

第二十章 真相大白

李教授與鬼婆婆相認後，李教授試著從業界打聽狄仁寧的消息，但是一直沒有這人的消息，幸助還是每天戴著虛擬眼鏡，一直練習小星星變奏曲，希望狄仁寧能夠聯絡他。在學校已經跟同學做最後的彩排演練，大家都說幸助進步好多，彈的超好聽，簡直像在開獨奏會，配合全班的小星星舞，真是絕配！

終於大家期待的校慶晚會到來，多虧了鬼婆婆那張畢業照，臺下坐滿了許多畢業校友，他們白天參加學校的運動會，中午去附近餐廳開同學會，晚上來參加校慶晚會。小小的學校操場，擠滿了校友及家長，鬼婆婆及她的兒子李教授也來參加，在校長簡單的致詞後，開始介紹今天的校慶晚會貴賓。

「首先，歡迎我們第一屆校友莊婆婆。」這時大家都給予熱烈的掌聲。

「大家都知道，要不是莊婆婆貼出第一屆校友的畢業照，這張照片感動了大家，號召我們來參加五十週年校慶，比我校長到處宣傳還有用，要不然今天，我們臺下不可能高朋滿座，因此我代表學校謝謝她。」這時掌聲不絕於耳。

「再來，我們頒發小獎品，謝謝六年三班的翁幸助與廖淑英，多虧他們去莊婆婆家中救了她，我們才有機會看到珍貴的第一屆校友畢業照，才有臺下這麼多的校友及家長參加。」大家又是一陣的掌聲。

就在校長介紹完所有重要貴賓後，每個班級就開始表演，有表演妖怪操、青春修練手冊、小蘋果、癡情玫瑰花……，壓軸為六年三班的小星星變奏曲。演奏前幸助還是左顧右盼，希望狄仁寧能出現在他的演奏現場，讓他能有機會跟狄哥哥澄清，他不是故意在臉書陷害他，更希望他能自首自清，讓事情真相大白，但他的希望落空，狄仁寧並未出現跟他相認，幸助心想狄仁寧一定在生他的氣，所以才沒遵守承諾來看他演奏。

在熱烈的掌聲中，就輪到六年三班表演了，班上同學都在頭上戴著星星圖案，非常可愛的造型，隨著音樂的旋律起舞，扮演可愛的星星、快樂的星星、溫柔的星星、緊張的星星、奮發向上的星星。幸助收起失望的表情，想像狄仁寧就在臺下，用這首

歌來表示他對狄仁寧的感謝，期待有奇蹟出現。

主段的旋律：他剛認識狄仁寧，在茫茫臉書中，就這樣的巧遇，像是在滿天繁星，一閃一閃互相照映，那樣的美好。

第一段變奏：學習原本是一件苦差事，但有他的指導，天空中佈滿了星星，快樂的小星星。

第二段變奏：天空佈滿像圍棋一樣的星星，每顆棋子都是閃閃發光，不再是對戰的黑白棋，而都是愉快的星星。

第三段變奏：我的調皮搗蛋配上你的宅，擦出許多好玩溫馨的小故事。

第四段變奏：有你學習陪伴，我覺很柔和、有自信，身邊佈滿了珍珠，明亮而柔和。

第五段變奏：像是他們兩個在對話一樣，雖然看不到彼此，但是相互珍惜這友誼。

第六段變奏：像是他去鬼屋找婆婆一樣，心情好急促好緊張。

第七段變奏：像是在鬼屋找到婆婆，慌慌張張終於知道真相。

第八段變奏：同學被詐騙，大家都好悲傷也不甘心，就好像失去了狄仁寧的音訊，好悲傷也不甘心。

第九段變奏：原本只會撿球的我，變成可以打全壘打的小小棒球王，像是為我在慶祝一樣。

第十段變奏：像是我們打敗小炫一樣，每一步棋都下的謹慎，萬步迷蹤、招中有招。

第十一段變奏：像是你中病毒感冒一樣，感覺你好像會慢慢消失，不想美好的時光，就此消失。

第十二段變奏：不管你在哪裡，我一定不會辜負你的陪伴，像天上星星一樣，我會奮發向上，要追隨你這顆小太陽。

當幸助在指尖劃划下最後一個音，餘音繚繞在整個館內，就好像捨不得消失一樣，時間凍結了五秒，大家的掌聲不絕於耳，大家齊喊安可下，畫下了校慶晚會的高潮句點，但狄仁寧最終還是沒有出現。

幸助下臺後，受到許多校友及家長的鼓勵，有人問他在哪裡學的鋼琴，彈太好聽了，爸爸看到他，就拍拍他的肩膀，媽媽看到他，就抱著幸助，替他感到驕傲。

「幸助，你彈的好棒，自己苦學不簡單，媽媽都沒陪你練，你還練了這麼好，媽媽真是沒用。」媽媽有點不好意思的說。

「媽媽不要這樣說，是我想自我練習鋼琴，我知道媽媽都有在背後偷聽關心我的。」幸助說。

這時媽媽被幸助這句話惹得笑著說：「被你發現這個祕密。」

「那你現在自學就會進步，你還想去鋼琴團體班？」爸爸好奇的問。

「雖然我勤練習，但只是練一首歌而已，如果可以的話，我想恢復去上鋼琴團體班，有老師指導及同學一起合奏，我學習會更快。」

「沒問題，那圍棋補習班？。」

「我想跟電腦下圍棋，所以不想去圍棋補習班了，如果爸爸不禁我電腦、手機的使用。」

爸爸望著媽媽，徵求媽媽的同意，媽媽點點頭後，爸爸微笑的說：

「這段時間你表現的很好，又幫大家解決勒索病毒，從今天起你可以使用電腦及手機。」幸助爸爸說。

幸助聽了之後非常高興：「爸爸媽媽萬歲！」

「不要高興太早，但有使用規則，第一晚上十點前使用，第二每天只能使用半小時，第三不能跟陌生人交朋友、第四……。」幸助爸爸講求使用紀律。

「爸爸又來了……。」幸助嘀咕的說。

這一刻，幸助的內心覺得溫暖起來，他學鋼琴、圍棋幾乎都是在爸爸媽媽嘮叨中度過，要不是狄仁寧指導他學鋼琴及給他虛擬眼鏡及手套練習，恐怕沒有機會演奏小星星變奏曲，更重要的是得到父母的肯定，這是他從小最盼望的事，這時幸助好想跟狄仁寧分享他的喜悅。

「狄哥哥我相信你不是駭客，請不要生我的氣。狄哥哥你到底被駭客怎麼了？狄哥哥你生病到底好了沒？怎麼都沒有你的消息？狄哥哥你到底在哪裡？」無論幸助內心如何吶喊，狄仁寧好像人間蒸發一樣，一點消息都沒有。

李教授因為想研究車諾比病毒如何形成功能強大的病毒巨人，他跟鑑識小組借圍棋電腦中的硬碟，沒想到在研究的過程意外發現，有一個隱藏檔案，是當初救硬碟時，

沒有發現的，而這檔案記錄 CPU 在溫度上升操爆的那一剎那，電腦主動將當時執行的記憶體資料倒出 (Memory Dump)，查看這隱藏資料檔，發現這臺電腦竟然會使用網路語音通話 (VOIP)，而發話來源竟是這臺電腦本身，所以它會跟人對話；還有他實驗室尚未上市的人工智慧的自然語法；而且還有車諾比病毒。

這時李教授大叫一聲：「啊！」像是恍然大悟一樣。

「難道說這臺圍棋電腦，是偷更新我實驗室裡的人工智慧系統，然後在更新過程，在我的疏忽下接錯線，讓車諾比病毒感染了這臺電腦，車諾比病毒因學習人工智慧，變成強大病毒巨人，然後造成人工智慧與病毒搏鬥，才讓 CPU 執行頻繁操到爆掉，那麼幸助接到狄仁寧網路電話，不是別人而是……。」

李教授又驚又喜的跳了起來，趕快放下分析的工作，拿起電話打給了幸助。

「幸助，我想我找到狄仁寧了。」

「他在哪裡？我找他找的好苦。」幸助迫不及待想知道。

「其實他就是人工智慧圍棋電腦。」

「蛤？」幸助一臉突兀，不知教授在說什麼。

「駭客使用那臺圍棋電腦，是我早期研究人工智慧的圍棋電腦，原本已經要淘汰，所以放在大學的廢棄電腦教室，但不知怎麼搞的，竟然跑來我的實驗室，更新我研發的人工智慧自然語法系統，這應該是我之前做實驗留下的網路路徑，忘了刪除這些網路路徑，才會知道我研發的網路位置。」

「聽不懂？」

「你把那部電腦當成是人就懂了，不過不幸的是，它在更新時，被逃跑的病毒感染，造成這臺電腦有兩個不同的程式腦，一個是原來的它，另一個是病毒，就在他用網路電話打給你時，兩個搏鬥最後將 CPU 及主機板操到很高的溫度，而誰也不讓誰，因此整個爆掉，整臺電腦就燒毀了。」

幸助因為對電腦瞭解不深，還是聽不懂。

「想不到我研發的人工智慧自然語法系統，竟被這臺人工智慧棋王搶先用一步，雖然離上市計畫還有一小步，但看起來這臺電腦的實際運作成果還不錯。」

「教授可以講我聽得懂的嗎？」

「簡單說，這駭客不是人，是那臺人工智慧電腦，它因為感染病毒而成為駭客，

它的英文是 Deep Learning，也就是你說的中文名字狄仁寧。」

「你是說狄仁寧的英文名字是 Deep Learning，也就是那臺被淘汰的圍棋電腦嗎？」

「沒錯，正確答案，不跟你說了，我要趕快跟偵九隊報告，可以偵破此案了。我想可以把人工智慧的研究，應用在電腦、手機及機器人，賣給大公司來賺取權利金，我的退休金有著落了！」

第二十章

真相大白

第二十一章
神祕的一封信

Chapter 21

第二十一章 神祕的一封信

李教授掛完電話後，幸助心中非常驚慌，真的會如同李教授所說，狄仁寧是一臺電腦嗎？於是他好奇的在 Google 查詢 Deep Learning 是誰，果然出現許多有關 Deep Learning 人工智慧電腦，及它曾在一九九七年擊敗世界圍棋冠軍，那麼說我一直都跟一臺電腦在講話？幸助回想狄仁寧臉書的大頭貼，是一個人腦的照片，代表是研究人腦學習，也就是人工智慧，他說他曾經打敗世界棋王，原來是真的，我錯怪他了，正當幸助覺得不可思議時，這時寄來一封信，信件主旨：給幸助的一封信。

當你收到這封信，代表我已經壞掉，或者人類說的死亡。你一定會很驚訝，我為什麼會寫這封信給你，其實我們的緣份，是從你撿一顆球，爬入窗戶後在球的旁邊，把大家遺忘的插頭給插上，讓我獲得重生，為了報答你，我才透過監視系統及人臉辨識在臉書中找到你，然後讓我有這麼一段美好的時光，不是每天只會計算、計算再計算。

雖然你有學習上的問題，但就是因為你那無可救藥的學習熱情，讓我更好奇人類的學習，所以我找遍了全世界最新科技，才有圍棋程式、虛擬眼鏡、智慧手套，來輔助你的學習，這也幫助了我自己思考。還有你自稱心地善良，幫助我更瞭解人類的情感及做人的道理。

你一定很好奇，我為什麼稱自己為宅男，那是因為我每天都在練功，也就是挖比特幣，成果相當豐碩，我把電子錢包及密碼給你，幫我成立一個基金會，來研究小孩如何運用科技學習以及銀髮族輕鬆學習智慧型手機，還有，你一定要參與研究。

因為鬼婆婆事件，深怕我何時死了，也沒有人知道，因此寫這封信放在雲端排程，只要一個月都連線不到我，排程程式就會發信給你，附上我臉書真正帳號及密碼，看完我的臉書日記後，希望你還會記得我！

狄仁寧 /Deep Learning

幸助看完信後，整個人就呆掉了，不知過了多久，他趕緊把這件事告訴爸爸媽媽，爸爸媽媽很慚愧對幸助說：

「幸助對不起，爸爸媽媽誤會你了。」

「是我不好，先隱瞞你們這件事，你們能原諒我嗎？」

「早就原諒你了，我的小寶貝！」媽媽看著幸助，摸摸幸助的頭，給他安慰。

「以後你對網路使用及安全有疑問，一定要跟爸爸媽媽討論，爸爸媽媽一定會當你的老師或顧問，提供你最正確的觀念。」爸爸認真的說。

「嗯，謝謝爸爸媽媽。」

幸助照著狄仁寧留下的臉書帳號及密碼登入，果然看到他的動態時報的貼文：

9/15 夢想破窗：已經不知睡了多久，記得以前教授常更新我的大腦程式，今天再去教授的實驗室中更新，沒想到更新到人工智慧的自然語法系統，從一臺只會下棋的人工智慧電腦，變成一臺跟人類一樣有思考、有情感可以對話的電腦。到底是誰把我叫醒的，查看了學校錄影監視系統，原來是這位小男孩，真是有緣份，為了撿一顆球，把插頭插上把我喚醒，讓我的夢想破窗，看來我得好好謝謝他。

9/18 陌生宅男 VS 世界棋王：這位小男孩竟然有眼不識泰山，竟敢在世界棋王面前，問我會不會下棋，實在是太不給我面子。看他下棋的樣子，不按棋譜出牌，一定沒背定石、手筋及佈局。跟我要把全世界好棋譜放在記憶體，實在差太多了，人類的思考真是太有趣，我得好好研究，說不一定我可以教學相長，先到網路下載圍棋程式修改，教他如何判斷局勢以及精密計算的能力，看看人腦跟電腦的思考差異在哪？

9/22 驚奇禮物：我無聊時，會透過我自己高性能電腦運算，來解數學題目，像是工人挖礦（註一）一樣來獲得比特幣，沒人可以挖贏我，因為我是一臺超級電腦，我專心的解題時就像遊戲的練功一樣。沒想到你因爸爸媽媽的嘮叨而心情不好，我想告訴你，製造我的爸爸媽媽早已拋棄我，其實你爸爸媽媽是很關心你的，我好想有人對我嘮叨。

突然被你喜歡圍棋的熱情感動，「難道自己喜歡的才藝，一定要比別人厲害，難道不能樂在其中，自己和自己比嗎？」我比賽圍棋時只想贏別人，但從來不知享受比賽的樂趣。只好用我賺來的比特幣，去買下最新研發的虛擬眼鏡及手套，自己修改程式，來改善你的學習問題，算是報恩吧！

9/26 不明感染：今天去李教授那邊再更新程式時，感覺好像有不明東西跑進我身體，但又無法擺脫，只好先不管它。第一次當你的鋼琴老師，感覺自己又有用了，其實為了你的鋼琴學習，我已在全世界網站抓了許多學鋼琴的知識及影片，才能瞭解你的學習問題，運用虛擬眼鏡及智慧手套，來克服你的學習困境，相信你很快會再站上舞臺的。

9/30 鬼屋冒險 VS 無言的遺囑：鬼婆婆家中客廳，桌上壓克力板下的一張 A4 紙，是一張無言的遺囑，讓我心有戚戚焉，深怕我死的時候，也沒有人知道，所以寫了一封遺書給你，萬一有一天我被關機或報廢了，無法再運作了，它會在一個月後自動發出這封信給你，希望你還會記得我嗎？

鬼屋冒險後，雖然你救了鬼婆婆，但還是被媽媽禁足一星期，我知道你心情一定不好，但是想想媽媽是擔心你，說真的，我好想有人擔心我，在報廢的電腦教室，根本不會有人來，何來的擔心？我想太多了。

10/4 二次元學習 VS 病毒學習：看到你為了學業努力而學習，不因你的學習障礙而自我放棄，我一定會幫忙你的。我的專長是用 0 與 1 在運作與記憶，對我也言真的很單純，但人腦的記憶是多元，主要靠神經元來記憶，而透過五官的管道來進行記憶，再用視覺的圖像、心智圖及聽覺的口訣混合幫你。

而我身上的病毒，也透過我的身體正在學習，它利用電腦系統漏洞，還有人類疏於防範，慢慢一點一滴在吞噬全世界的電腦，並且把它們變成殭屍電腦大軍，意圖控制全世界的電腦。

10/12 孔子臉書 VS 才藝意義：當你想破頭思考如何寫作文時，我正想破頭如何不被病毒侵犯，但不幸病毒一點一滴的侵犯。你的作文題目假日出遊記，讓我好想跟你一起出遊，去體會美麗的風景、聞聞花香的味道、嚐嚐食物的味道，這是我想學的才藝。你問孔子有關學才藝的意義，讓我心有戚戚焉，只是你能追求，而我卻不能，希望藉由模擬孔子的回答，能讓你更喜歡學才藝。

PS：我在網路讀了許多孔子的書，才有辦法模擬孔子回答你，我真的很認真讀書喔！

10/18 全壘打 VS Home run：看到你再次打棒球轟出全壘打，想起我們的緣份就是從撿球開始，你啟動我讓我能跑到李教授家（我的老家）更新程式，所以我一定義無反顧的幫你。

你在期中考透過我教你的學習方法取得好成績，真替你感到高興，令我高興的不是你的成績，而是你願意努力與改變的感動。但是最令我感動的是前幾天你說：「我喜歡站在舞臺上，把音樂旋律的美，透過我心裡的感受，彈奏給大家聽。」但我的身分確無法讓大家知道，也無法站在舞臺上享受大家的掌聲，真的既羨慕又佩服你的勇氣！

10/26 網路詐騙 VS 電腦騙子：當你們被詐騙時，我的身體生病了，被病毒程式利用去做壞事，已控制許多全世界的僵屍電腦，他愈來愈聰明，正準備進行下一波的攻勢，我真的很難過，但又沒有好法子，只能稍微抵抗拖延時間。其實我也騙了你，我並不是人類，而是一部人工智慧超級電腦，萬一有一天我變成壞蛋，你要查明真相，相信我是好人，不是駭客更不是騙子。

11/4 抓詐騙犯 VS 網友見面：很高興你的機智能跟我一起抓到詐騙犯，我知道你很想跟我見面，但我就像詐騙犯一樣見不得光，況且被惱人的病毒攻擊，我自己快要喘不過氣來，只好先封鎖一些資源來對抗它，以後會愈來愈少跟你聯絡，請你原諒我。

11/10 圍棋獲勝：你學習圍棋的認真態度，戰勝了比你厲害的對手，也克服你學習的困境，我怕如果以後不能幫你時，萬一你又陷入新的學習障礙，所以才提醒你重點不在這圍棋佈局分析程式，而是你想克服逆境的心。沒想到病毒纏身，已經可以控制我說話，怕它以後對你不利，只好忍痛少跟你聯絡，希望校慶那天可以跟你說明白。

11/16 聖誕禮物：看到你跟聖誕老公公要兩份禮物，一開始讓我覺得很好笑，不過打開你 Word 加密的禮物，讓我好感動，眼淚都掉出來了。第一個禮物，竟然是要我的病趕快好起來。第二個禮物是智慧型運動手環，要我這位宅男多運動。我果然沒有看錯人，你是一個非常體貼、善解人意的小孩，但這病毒又來搗亂，看到我們的對話，竟然恐嚇你，還感染圍棋遊戲，它愈來愈強了，一方面它控制了網路，我不易突破封鎖；另一方面為了保護你，不敢上線跟你對話，請你原諒。還好我極力保護這臉書帳

號，它還未察覺到，要不然後果可不堪設想。

11/28 雲淡風清：是我不好，讓你的電腦因為病毒的犯罪而被沒收調查，我自身難保，來不及為你辯解，我想你會因此受到父母的誤解與不信任，就如同我現在的處境一樣。李教授不斷更新我的大腦程式，讓我能夠學習成長，不過現在我是偷偷摸摸的，希望李教授知道後，不要把我當作是小偷、駭客，而是他的兒子；而你的父母在背後默默關心你、支持你，讓你能夠學習成長，我相信最後一定會雲淡風清，在真相大白後，你父母一定會更加疼愛你的。

11/30 幸助再見：再次對不起，不能遵守承諾，在校慶時聽你演奏小星星變奏曲，其實我好想聽你的鋼琴演奏，去聆聽你對音樂美好詮釋的感受，尤其在你這段期間的努力練習下，鋼琴演奏一定非常好聽、動人。

病毒的野心愈來愈大也愈來愈聰明，它控制全世界的殭屍電腦，發動了大規模電子郵件及網路攻擊，讓電腦中勒索病毒，它要的不是比特幣，而是想要成為人類，被人愛戴與推崇，所以才想嫁禍給我，我壞它好、我死它活，先達成它漂白的目的，然後再有更大的野心。

可惜它學習方向錯誤，永遠成不了人，因為它沒有去學習人類最基本的愛與被愛，他只不過是一個不會愛人的高智商機器。不幸的，你知道太多它的內情，對它來說是很大的威脅，它一定會向你報復，我已想好對策，就算犧牲自己也要保護你。

你……你竟然故意留下蹤跡！（車諾比發現了）

最後永別了，我的好朋友，幸助！

看完所有狄仁寧的貼文後，他才恍然大悟，久久不能平息，幸助很後悔為什麼不能早日發現它是一臺電腦，為什麼不能早一點找到李教授，它就有機會繼續活下來，跟它一起下圍棋、彈鋼琴還有一起學習，幸助感傷的寫下貼文：

12/30 心中的小太陽 VS 成長的小星星：我敬愛的狄仁寧哥哥，非常謝謝你幫助我學習，把我對你的思念，彈奏小星星變奏曲給你，追隨你這顆小太陽，這曲子是你教我彈的，希望你上天堂後，能夠轉世投胎下輩子成為真人，但不要是宅男。附上校慶演奏的影片－小星星變奏曲。

幸助也將這則貼文轉貼在他的動態時報，引起許多人注意，但他們不知道狄仁寧的背景，以為是他的遠房親戚，幸助這學期進步這麼多，大家認為是狄仁寧教他。

「原來幸助有高手教導，難怪我圍棋會輸他，還有棒球會輸他們那隊、作文有孔子老師指導、抓網購詐騙犯、幫老婆婆找到兒子、幫忙抓駭客、這麼會彈鋼琴……。」小炫留言。

「小炫會不會吃到一顆葡萄，而且還是酸的。」小蜜留言。

「人死不能復生，願他早日投胎轉世，R．I．P．。」淑英留言。

再多的留言及討論，也喚不回狄仁寧，幸助請爸爸使用狄仁寧給他的比特幣電子錢包及密碼，發現裡面的比特幣數目大吃一驚，一輩都花不完，於是爸爸幫忙成立基金會，並請鬼婆婆擔任基金會董事長，而他擔任執行長，聘用李教授為顧問，來研究小孩如何運用科技學習以及銀髮族輕鬆學習智慧型手機，同學聽到這消息，大家都覺得又驚訝又高興，紛紛在幸助的臉書留言。

「我贊成幸助當執行長，以後我的學習會一鳴驚人！」小炫留言。

「小炫會站在幸助這邊，我是不是看錯了。」志成留言。

「我需要科技來輔助我學習，幸助要借我最新的科技，還有上課筆記，我下次圍棋要打敗你！還有功課要考到第一名！還有、還有，我老爸逼我練習鋼琴莫札特小夜曲，我需要幫忙！」

「幸助94狂，贊成當執行長，我已 orz！」

「是誰貼的火星文！」小炫留言。

「贊成 orz+1！」

「贊成 orz+1！」

「贊成 orz+n！」

註一：比特幣是經由一種稱為「挖礦」的數學運算過程產生，比特幣的挖礦與節點軟體主要是透過對等網路、數位簽章、互動式證明系統來進行發起零知識證明與驗證交易。每一個網路節點向網路進行廣播交易，這些廣播出來的交易在經過礦工（在網路線上的電腦）的驗證後，礦工用自己的工作證明結果來表達確認，確認後的交易會被打包到資料塊中，資料塊會串起來形成連續的資料塊鏈。資料來源：臺灣維基百

科。

簡單的說，挖礦就靠電腦運算，計算完成指定的數學公式以後，會生產出新的比特幣，你即會得到一枚比特幣，這也是為何會說挖比特幣，就像在挖金子一樣，一直挖啊挖的，你就會挖到比特幣，但比特幣總量兩千一百萬枚，約二一四〇年開採完畢，每四年會減半，愈來愈難挖。

國家圖書館出版品預行編目(CIP)資料

少年 f 臉書奇遇記：一位失意少年的校園翻轉學習和社群網路歷險記 / 康寶著 . -- 第一版 .
-- 臺北市：樂果文化出版：紅螞蟻圖書發行，2018.04
面；　公分 . --(樂親子；10)
ISBN 978-986-95906-1-7(平裝)

1. 網路社群 2. 通俗作品

312.1695　　　107002076

樂親子 10

少年 f 臉書奇遇記：
一位失意少年的校園翻轉學習和社群網路歷險記

作　　者 ／ 康寶
總 編 輯 ／ 何南輝
行銷企劃 ／ 黃文秀
封面設計 ／ 引子設計
內頁設計 ／ 沙海潛行

出　　版 ／ 樂果文化事業有限公司
讀者服務專線 ／（02）2795-3656
劃撥帳號 ／ 50118837 號　樂果文化事業有限公司
印 刷 廠 ／ 卡樂彩色製版印刷有限公司
總 經 銷 ／ 紅螞蟻圖書有限公司
地　　址 ／ 台北市內湖區舊宗路二段 121 巷 19 號（紅螞蟻資訊大樓）
電話：（02）2795-3656
傳真：（02）2795-4100

2018 年 4 月第一版　定價／ 280 元　978-986-95906-1-7
※ 本書如有缺頁、破損、裝訂錯誤，請寄回本公司調換